Mme Louise ROUSSEAU

L'Art de passer son Temps

AU BORD DE LA MER

80 gravures

4 PLANCHES

en couleurs

—

Prix : 2 fr.

80 gravures

4 PLANCHES

en couleurs

—

Prix : 2 fr.

PARIS

H. LAURENS, ÉDITEUR

6, RUE DE TOURNON, 6

Au bord de la Mer

1982-92. — CORBEIL, IMPRIMERIE CRÉTÉ.

Mme Louise ROUSSEAU

L'Art de passer son Temps

AU BORD DE LA MER

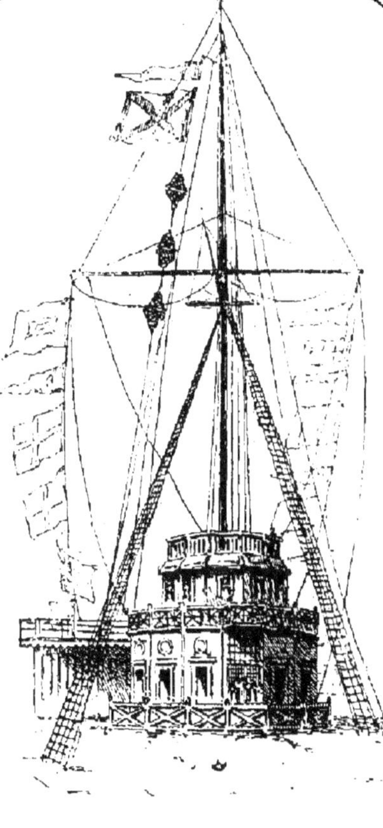

80 gravures

4 PLANCHES

en couleurs

—

Prix : 2 fr.

80 gravures

4 PLANCHES

en couleurs

—

Prix : 2 fr.

PARIS

H. LAURENS, ÉDITEUR

6, RUE DE TOURNON, 6

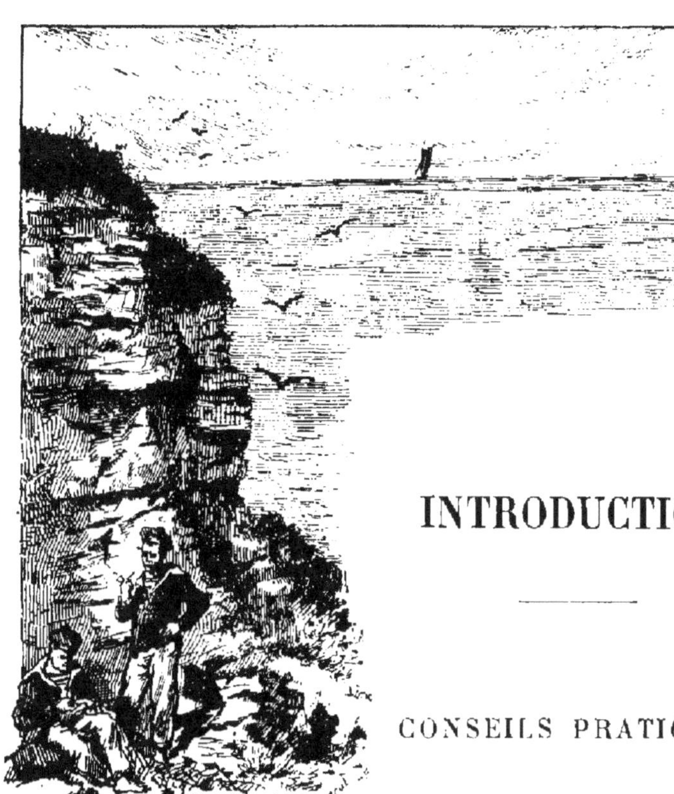

INTRODUCTION

CONSEILS PRATIQUES

DU SÉJOUR AU BORD
DE LA MER

Le séjour au bord de la mer a plus que jamais de nombreux partisans dans toutes les classes de la société ; depuis le riche qui possède une superbe villa sur une plage des plus mondaines, jusqu'au modeste employé qui envoie sa femme et ses enfants dans une petite station balnéaire peu connue. L'avantage que les uns et les autres en retirent est le même, car l'air vivifiant et pur, le repos, la liberté sont l'apanage de toutes les plages.

Lorsque l'on s'établit dans un endroit quelconque au bord de la mer, les bains sont le prétexte de cette installation ; mais ils n'en sont pas le but unique,

car il ne manque pas d'autres distractions heureuse-
ment, et tous les âges sont appelés à trouver, dans ce
séjour, des plaisirs suivant leur goût et leurs idées :
la pêche, les excursions, les jeux divers, les collections variées, la chasse, tout est à leur disposition.

Nous nous proposons, dans ce petit guide pratique,
de suggérer à nos lecteurs des idées pour s'occuper
d'une façon agréable pendant le voyage plus ou
moins long qu'ils feront sur les côtes. Nous serons
heureux si, par ce moyen, nous pouvons leur être
utiles, et leur procurer quelques distractions sur
lesquelles ils ne comptaient pas.

L'ART

DE

PASSER SON TEMPS AU BORD DE LA MER

CHAPITRE PREMIER

LA MER. — SA COULEUR. — SA PROFONDEUR. — LES
MARÉES. — LES GRANDES MARÉES. — PHOSPHORES-
CENCE DE LA MER.

Tout le monde connaît la mer, au moins pour
l'avoir vue en gravure ou en tableau, mais malgré
l'idée que l'on s'en est faite, on éprouve une sur-
prise à la vue de cette immense nappe d'eau dont
les aspects si différents varient à l'infini!... Ceux qui
l'auront admirée, calme et dormante sous un ciel
bleu, seront terrifiés s'il arrive soudain un coup de
vent, et que les vagues s'élèvent tout à coup comme
des montagnes aux cimes neigeuses.

Il faut avoir passé quelque temps sur ses rives
pour connaître ses caprices et apprécier ses bienfaits. Nous n'avons pas l'intention d'énumérer ici
les désastres que produit souvent la mer, et les
larmes qu'elle fait couler, hélas!...

Ceux à qui nous nous adressons n'auront à la considérer que comme une bienfaitrice et une charmeuse. C'est grâce à l'air vivifiant et pur qui règne sur la plage que les pauvres bébés anémiques et pâles deviendront colorés et brunis; c'est grâce à la brise saline qu'ils respireront, que ces bébés auront un appétit tout différent de celui qu'ils avaient, et gagneront des forces pour supporter l'hiver plus ou moins pénible à traverser, qui suivra le séjour au bord de la mer.

Les vents continuels balaient et emportent l'air insalubre qui règne là où il y a une agglomération d'individus; l'odeur des varechs et des algues marines est un stimulant des plus efficaces, enfin, les courses en liberté, les distractions continuelles et variées amènent la gaieté et la bonne humeur qui contribuent pour beaucoup au maintien de la santé florissante et prospère.

La mer est un sujet continuel d'étonnement, sa couleur semble varier à l'infini; pourtant elle est d'un bleu vert qui devient plus intense à mesure que l'on s'éloigne des côtes.

Les nuances différentes observées sur la mer tiennent à des causes locales; ces teintes variées peuvent être dues à une grande quantité d'animalcules, ou à la nature du sol qui se trouve au fond des eaux; mais ces couleurs extraordinaires ne se rencontrent pas dans nos contrées.

La profondeur de la mer atteint environ de 4000 à 5000 mètres, en s'éloignant beaucoup des côtes, car dans les endroits assez rapprochés, la sonde n'atteint guère que de 600 à 800 mètres.

Personne n'ignore que l'eau de mer est salée; à quoi doit-elle cette propriété?

Quelques savants l'attribuent à d'immenses bancs de sel qui seraient au fond de l'océan; d'autres prétendent que les eaux des fleuves et des rivières dissolvent le sel répandu à profusion sur la surface de la terre et vont le porter à la mer. Cette version est, avec juste raison, moins crue que la première, car les fleuves n'en contiennent que fort peu.

L'eau qui se trouve à la surface est amère et nauséabonde, elle a des effets purgatifs très remarquables, il faut donc prendre garde d'en absorber une trop grande quantité en prenant son bain, comme cela arrive souvent aux personnes qui apprennent à nager.

La température de la mer varie suivant les courants, les saisons, les heures, la profondeur et l'endroit où l'on se trouve; en général l'eau de la mer est plus froide que celle des fleuves ou des lacs, la sensation est donc plus pénible en s'y plongeant.

Marée haute et marée basse. — Pour ceux qui connaissent la mer, nous n'aurions pas besoin de donner l'explication de ces deux mots; mais, comme dans le nombre de nos lecteurs il peut s'en trouver qui n'aient jamais voyagé, nous voulons leur apprendre que la mer monte et descend d'une façon périodique; ce phénomène est causé par l'action de la lune sur la terre. Vous n'ignorez pas que le soleil attire la terre en la forçant à tourner autour de lui; que la terre attire la lune et lui fait accomplir le même travail; eh bien, si la terre attire la lune, celle-ci à son tour exerce une attraction sur notre globe; seulement, comme cet astre est beaucoup plus petit que la terre, sa force ne se fera guère sentir sur la masse terrestre qui est trop lourde et dont les parties sont trop agglomérées; il n'en sera pas de même pour l'eau qui est liquide et par conséquent moins résistante; aussi, chaque fois que la lune passera au-dessus d'une partie quelconque de la mer, cette partie sera attirée et essaiera de monter jusqu'à elle. Bien entendu cet effort n'aboutira qu'à l'élever à quelques mètres; c'est alors que la mer se gonflera et s'étendra sur les côtes et les plages, en un mot, c'est la marée haute.

Enfin, lorsque la lune changera de position et étendra son action à un autre point, la partie de mer que nous avons vue s'élever et s'étendre reprendra sa place première, en laissant à découvert soit une vaste étendue de sable, soit des masses de rochers; c'est la marée basse.

La marée haute et la marée basse procurent des plaisirs différents; c'est généralement quand la mer est pleine qu'il est plus agréable de se baigner, on a moins loin à aller pour se livrer aux ébats de la natation; quand la mer est retirée, c'est le moment de donner un libre cours à son goût pour la pêche. On part examiner les rochers sur lesquels on ne manque jamais de récolter des moules et divers autres coquillages; on retourne les grosses pierres pour faire sortir de leur retraite les crabes qui s'étaient réfugiés sous ces masses; on bêche le sable pour y trouver les délicieuses équilles qui devien-

dront une excellente friture pour le dîner; enfin,
dans les flaques d'eau, on attrape les crevettes que
la mer a laissées en se retirant. Les herbes marines,
les anémones de mer, en un mot, toutes les curio-
sités de la plage, bonnes à connaître ou à conserver,
sont certainement découvertes à marée basse.

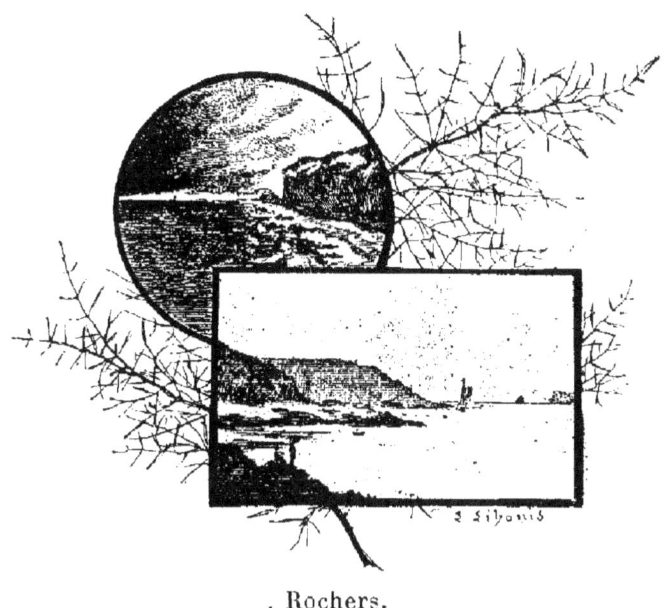

. Rochers.

Il y a donc bien peu de chose à voir, direz-vous,
pendant que la mer est haute?

Il y a le spectacle grandiose de la marée dans son
plein, et s'il vous est donné d'assister aux marées de
vives-eaux qui se produisent à certaines époques,
quand la lune passe devant le soleil, et que l'action
de celui-ci se joint à l'attraction lunaire, ce qui a
lieu à la nouvelle et à la pleine lune, vous serez
étonné du spectacle que vous contemplerez. C'est à

l'équinoxe qu'ont lieu les grandes marées, coup d'œil quelquefois terrible, quand la tempête les accompagne. La mer ne connaît plus de limites ; elle déferle sur les quais avec une violence redoutable.

Phosphorescence de la mer. — Souvent, quand la nuit est sombre et que la mer est agitée, si le temps est sec, on aperçoit à la surface de l'eau des lueurs bizarres qui ressemblent à des étincelles ; soudain ces étincelles sont remplacées par une nappe immense de feu, ou par un ruban lumineux qui court à la crête des vagues et est d'un aspect magique.

Ce phénomène s'appelle la phosphorescence de la mer. Dans les pays chauds, la plus petite cause peut le déterminer ; il suffit de frotter son pied sur la plage humide pour l'obtenir, ou bien encore de lancer une pierre de façon à former des ricochets ; une traînée de feu surgit aussitôt de la même façon que quand on frotte une allumette. On s'est demandé de tout temps quelle cause pouvait rendre la mer lumineuse? Beaucoup de savants ont émis les opinions les plus variées ; aujourd'hui, on s'accorde à penser que ce fait est dû à la présence d'animalcules particuliers ; quelques auteurs l'attribuent aussi à un phénomène électrique.

Quelle que soit la cause de ce phénomène, l'effet est admirable, et nous engageons nos lecteurs à ne pas perdre l'occasion de le contempler s'il se présente à eux.

Lorsqu'un soir la mer a été phosphorescente, il est curieux d'aller considérer la plage le lendemain matin, car elle est souvent couverte d'une quantité considérable de méduses.

Les méduses sont des animaux bizarres qui voguent à la surface de l'eau ; elles sont transparentes et ont l'aspect de la gelée.

Leur couleur varie et leur forme est élégante ; sur certaines plages on n'en rencontre que rarement ; dans d'autres, au contraire, elles se trouvent en si grande abondance qu'elles deviennent une gêne à l'heure du bain ; il est en effet répugnant de se plonger dans une eau plus ou moins gélatineuse.

Méduse.

Les méduses doivent nous inspirer en outre un sentiment de défiance, car quelques-unes d'entre elles jouissent d'une propriété désagréable pour ceux qui les touchent ; elles provoquent des douleurs brûlantes et pongitives qui rappellent les piqûres d'orties, avec plus d'intensité encore, aussi les appelle-t-on pour cette raison « orties de mer ».

CHAPITRE II

LES DIFFÉRENTES PLAGES. — PLAGES DE SABLE. — PLAGES DE GALETS. — LEURS AVANTAGES ET LEURS INCONVÉNIENTS. — PLAGES DÉSERTES. — PLAGES MONDAINES. — CHOIX A FAIRE SUIVANT LA POSITION, LA FORTUNE, LES GOUTS DE CHACUN.

L'aspect du bord de la mer varie à l'infini, non seulement au point de vue naturel, c'est-à-dire au point de vue du pays lui-même, mais encore par rapport au genre de vie qui se pratique à tel endroit plutôt qu'à tel autre.

Occupons-nous en premier lieu du choix de la station balnéaire par rapport à la nature. S'il s'agit d'emmener de tout petits enfants, il n'y a pas à hésiter un instant, c'est la plage de sable qu'il faut choisir ; le sable fin et moelleux forme un tapis sur lequel ils se roulent à loisir en y rencontrant tous les plaisirs de leur âge. Pendant des journées entières, les bébés profiteront de leur séjour au bord de la mer ; à marée haute, ils joueront dans le sable sec avec leurs seaux et leurs pelles ; quand la mer commencera à descendre, on les laissera aller dans les petites mares, les pieds chaussés d'espadrilles ou de chaussures à semelles de caoutchouc, afin qu'ils ne se blessent pas avec les débris de coquillages se trouvant dans le sable ; enfin, quand la mer est complètement basse, ce sera le moment de leur louer un petit àne comme il s'en trouve maintenant sur un grand nombre de plages; ces promenades peu coûteuses et si bienfaisantes ne présentent aucun danger. Des plages de sables, l'horizon paraît généralement plus étendu, mais souvent elles sont très plates et moins commodes pour les bains, surtout quand la température n'est pas très chaude, car il est toujours désa-

Enfants sur la plage.

gréable de faire un long trajet étant mouillé, avant de s'habiller. Il faut encore faire bien attention, lorsque l'on a des enfants, de ne pas se placer près de l'endroit où sont réunies les cabines, il circule souvent des chevaux qui viennent pour traîner celles-ci, et les accidents sont à craindre. Au bord de la mer il est bon de se couvrir la tête d'un chapeau à larges bords, car les coups de soleil s'y gagnent facilement.

Les plages de galets sont généralement munies d'un long promenoir ou digue de mer; de cette façon il n'y a pas à redouter le contact des pierres, non seulement pour les chaussures, mais pour les pieds qu'elles fatiguent et meurtrissent douloureusement. Le sol de ces plages est en général très incliné, aussi n'a-t-on pas besoin d'aller bien loin pour avoir de l'eau en quantité suffisante à la natation. Cette particularité, qui a son charme pour les grandes personnes, demande une active surveillance pour les enfants et les baigneurs ne sachant pas nager, car par une mer un peu forte, on peut être entraîné facilement et perdre pied, même en étant fort près de la rive. Sur ces plages, il est prudent de ne laisser aller les enfants qu'en compagnie d'un guide.

Pour les voyageurs qui désirent prendre des vues ou des croquis, les plages ornées de falaises et de rochers offrent certainement un coup d'œil plus pittoresque que les autres. C'est la Normandie et la Bretagne qui renferment les endroits les plus poétiques sous ce rapport. Pour les chasseurs, ces falaises servent d'abri à des quantités d'oiseaux, sur lesquels il leur sera facile de tirer.

Nous avons parlé du choix d'une plage au point de vue mondain ; ce choix est bien difficile à indiquer, nous pouvons pourtant donner quelques conseils à nos lecteurs. Si l'on a des enfants en bas âge, il est préférable de choisir non seulement une plage de sable, mais encore une plage sur laquelle il n'y aura pas trop de monde ; car plus il y a d'enfants réunis, plus on court le risque de leur faire contracter des maladies contagieuses. Si vos enfants ont une santé délicate, allez avec eux dans un endroit où

vous ne connaîtrez personne : vous jouirez d'une
liberté plus grande et vous pourrez leur consacrer
tous vos soins ; c'est une fatigue et un ennui pour ces
pauvres petits que d'être astreints à faire toilette
pour telle ou telle heure, à cause des personnes amies
que l'on pourrait rencontrer. Si vous êtes sur une
petite plage inconnue, vous mettrez à vos enfants

Vue du Tréport.

un simple costume de laine, large et souple ; la laine
les préservera des refroidissements et de la brise
marine qui souffle souvent sur la grève ; sur la tête,
un large chapeau de paille pour le soleil ou une petite
calotte bien solide pour les jours de vent.

Si au lieu de bébés vous avez des jeunes gens ou
des jeunes filles, vous pouvez choisir, suivant vos
goûts, votre position, un endroit un peu moins
retiré, un peu plus mondain. La société de quelques
amis est agréable dans ce cas ; les parties de pêche,

les promenades sont plus intéressantes lorsque l'on
est nombreux ; et le soir, il est agréable de se trouver réunis pour entendre de la musique ou pour
danser un peu ; mais ce qu'il faut éviter à tout prix
avec des enfants grands ou petits, ce sont les plages
mondaines par excellence, celles où l'on ne vit que
pour exhiber une toilette, faire assaut de luxe et

Costumes d'enfants.

d'élégance ; les plaisirs qui s'y rencontrent ne con-
viennent nullement à la jeunesse, elle y puise des
goûts de dépense et de coquetterie exagérées qu'il
est difficile de combattre ensuite. Dans un grand
nombre de villes on trouve un casino, c'est-à-dire
une maison dans laquelle, moyennant une certaine
somme par mois ou par jour, on peut jouir de nombreuses distractions telles que : concerts, bals, spec-
tacles et jeux ; il est parfois fort agréable, les jours

de pluie ou de vent de se réfugier dans une des
salles du casino pour y entendre un bon orchestre ;
de même que dans les petites plages où tout le monde
se connaît, c'est un véritable plaisir pour les jeunes
gens et les jeunes filles de passer la soirée à danser ;
mais ce dont il faut se méfier, ce sont des jeux ins-
tallés dans certains endroits ; les petits chevaux en
particulier sont redoutables ; on commence par une
mise modeste et l'on finit par perdre souvent des
sommes assez fortes, il faut donc adopter un prin-
cipe : celui de ne pas fréquenter la salle de jeux dans
les casinos. Pour les jeunes filles les grands bals sont
aussi une mauvaise distraction, ce n'est plus la simpli-
cité que l'on trouve dans les petites soirées dansantes ;
de plus l'intimité étant détruite on peut y rencontrer
des individus de toutes les classes de la société.

CROQUIS, PEINTURE ET PHOTOGRAPHIE.

Les personnes douées d'un certain talent pour
le dessin, ont une distraction toute trouvée au
bord de la mer ; elles prendront un grand nombre
de croquis qu'elles transformeront plus tard en de
charmantes marines, quand ces croquis auront été
terminés à tête reposée ; il ne manque pas de points
de vue grandioses ou pittoresques, soit que l'on se
tourne vers l'océan, soit au contraire que l'on s'enfonce dans la campagne. En dehors de la distraction
que cette occupation apporte, il y a autre chose
à considérer, c'est le côté souvenir. Au bord de
la mer tout est sujet à tableau, ainsi que nous

le montre M. Fraipont dans son excellent ouvrage *l'Art de peindre les marines*. La petite scène qui se passe au bout de la jetée, le spectacle grandiose qu'offre la marée montante se brisant sur les rochers, etc., etc., ne sont-ce pas là des sujets également tentants pour les artistes? (1). Mais tout le monde n'est pas à même de prendre un croquis, direz-vous!... C'est vrai, seulement il y a un moyen de remédier à cela par la photographie qui est à présent à la portée de tous. On trouve des appareils légers et très portatifs qui ne sont pas d'un prix exagéré, de cette façon chacun peut obtenir des épreuves charmantes.

Le format le plus commode et donnant des épreuves suffisamment grandes est le 13×18 (demi-plaque); comme objectif un bon rectiligne rapide qui peut servir à prendre des monuments, des paysages, des portraits, des groupes, des panoramas et des instantanés tels que : personnages marchant, pêcheur lançant son filet, vols d'oiseaux, navires en marche, etc. Le pied de l'appareil doit être léger, mais stable, il est nécessaire qu'il se replie afin d'occuper le moins de volume possible.

L'obturateur s'adapte sur l'objectif pour faire des vues instantanées, il doit avoir les qualités suivantes: ne pas faire trembler l'objectif quand il manœuvre, avoir des vitesses différentes, ne pas se dérégler et

(1) *L'Art de peindre les marines*, par G. Fraipont, professeur à la Légion d'honneur, un v. in-8°, avec 50 dessins de l'auteur et un fac-similé d'aquarelle, 2 fr. (H. Laurens, édit., 6, rue Tournon, Paris). Les gravures que nous donnons pages 17 et 19 sont extraites de cet intéressant ouvrage.

être au centre de l'objectif. Pour faire de la photographie, il faut posséder un cabinet noir ; si on ne
peut disposer d'une petite pièce spéciale, on chan-

Au bout de la jetée.

gera les chassis, le soir, dans l'obscurité la plus pro-
fonde ou en s'éclairant à l'aide d'une lanterne munie
de verres rouges, qu'il est indispensable d'emporter,
car il est impossible de s'en procurer partout. Les
personnes qui auront un petit cabinet ne servant à

rien, pourront le transformer de la façon suivante :
On bouche hermétiquement avec du papier noir ou
rouge, la fenêtre, s'il y en a une, puis, s'enfermant à
l'intérieur, on mastique toutes les petites ouver-
tures qui pourraient laisser passer le moindre filet
de lumière. L'amateur, après le travail du cabinet
noir, doit encore s'occuper de l'eau et de la lumière,
deux choses fort importantes.

L'eau ne doit jamais manquer ; quant à la lumière, pour l'éclairage il est mieux d'employer
une lanterne que le jour naturel qui peut varier et est souvent trop intense. La lumière du jour
doit être tamisée au travers de deux verres, l'un
jaune, l'autre rouge rubis foncé ; nous insistons
beaucoup sur cette question de cabinet noir et
d'éclairage, car c'est là l'écueil de beaucoup de
débutants qui ne prennent jamais assez de précautions sous ce rapport, lorsqu'il s'agit de changer les
plaques.

Les produits photographiques seront placés toujours dans les mêmes flacons et déposés à la même
place, afin de pouvoir les trouver facilement, même
dans l'obscurité ; il est nécessaire d'avoir à son service plusieurs cuvettes, une pour chaque genre de
développement.

Avec un peu de soin et d'habitude toute personne
adroite arrivera facilement à réussir un certain nombre de clichés qui, une fois tirés, formeront une
charmante collection et le plus précieux des souve-
nirs de voyage. Il faut bien s'appliquer pour le choix
du point de vue afin qu'il présente à l'œil un en-

Marée montante.

semble agréable, proportionné et artistique tout à la fois. Le cadre de cet ouvrage ne nous permet pas d'entrer dans des détails relatifs aux manipulations; nous invitons nos lecteurs à se procurer un guide. Du reste, sans être photographe, sans faire de manipulations, avec les procédés actuellement employés, il est possible de se faire un magnifique album, en prenant simplement la vue et en ne s'occupant que de la pose; puis le premier photographe venu se chargera de développer les clichés et de tirer les épreuves.

Il faut avoir le soin, si l'on va aux bains de mer pendant un certain temps, d'emporter de quoi s'occuper pour les jours de pluie; ce sera le moment de faire les collections dont nous parlerons un peu plus loin; on profitera de ces longues journées pendant lesquelles on ne peut sortir, pour ranger les différentes espèces de sables, les coquillages, les algues, enfin la récolte des jours précédents.

CHAPITRE III

LE BIENFAIT DE LA MER ET LES BAINS

Ainsi que nous l'avons dit, les bienfaits de la mer sur l'organisme humain sont incontestables; le teint décoloré aux émanations impures des villes populeuses reprend sa fraîcheur, les membres fatigués et

alanguis leur souplesse ; l'utilité des bains de mer
est assez appréciée pour que la mode ne puisse rien
contre la coutume utile qui a été adoptée ; le prétexte du séjour au bord de la mer, ce sont les bains,
qui effectivement sont une fort bonne chose, mais
à la condition d'être pris d'une façon utile et intelli-
gente ; il y a des règles fort importantes à observer.
L'eau de mer peut être employée utilement à cause
de sa propriété laxative ; en la prenant à la dose de
20 ou 40 grammes, c'est un excellent dépuratif; elle
est aussi très apéritive, à la dose de deux ou trois
verres, c'est un bon purgatif. Pour la prendre il est
utile d'y ajouter du lait, mais sa saveur n'en est pas
moins fort désagréable. On doit toujours demander
l'avis de son médecin avant de faire prendre à ses
enfants, ou de prendre soi-même des bains de mer,
c'est lui qui est plus compétent que qui que ce soit
pour choisir un climat en rapport avec le tempérament qu'il connaît ; nous pouvons dire, sans
crainte de nous tromper, que les plages normandes
sont celles qui sont le plus favorables à un grand
nombre d'individus ; l'époque à laquelle on peut
généralement se baigner est du 15 juin au 15 octobre.

Pour qu'un bain soit profitable, il doit être pris
dans une région relativement froide, c'est pourquoi
nous préconisons les bords de la Manche plutôt que
ceux de la Méditerranée ; pour que l'on puisse se
baigner dans la mer, il faut que l'eau ait environ
15 à 16 degrés. On appelle bains à la lame ceux
que l'on prend quand la mer est forte, ce sont les
vagues qui tapent à la surface du corps ; ces bains

sont très efficaces et font l'effet de douches. Il faut avoir soin de laisser s'écouler au moins trois heures entre le repas et le bain; des milliers d'accidents arrivent pour n'avoir pas pris cette précaution; il

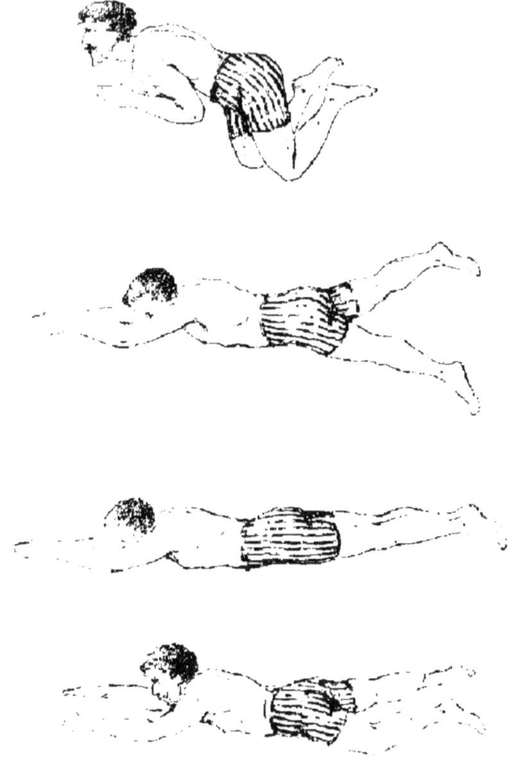

Mouvements de natation.

y a même des personnes qui ne supportent le bain qu'à jeun.

Le premier bain demande une grande prudence; premièrement, il ne faut jamais le prendre le jour de l'arrivée; pour les enfants, on attendra même quelques jours et on choisira une chaude et belle

journée pour les plonger; les bébés au-dessous
de deux ans ne doivent pas prendre de bains de
mer.

Il ne faut jamais entrer dans l'eau étant en sueur,
et il est bon de faire une courte promenade après le
bain. Souvent les baigneurs ne sont pas satisfaits
d'une seule immersion par jour, ils en prennent

Manière de piquer une tête.

deux, c'est une très mauvaise pratique qui fatigue.
Les personnes âgées, celles qui relèvent de maladie,
ne prennent pas de bains froids, mais les bains de
mer chauds leur feront grand bien à une température de 30 degrés; beaucoup de personnes choisis-
sent une habitation le plus près possible de la plage,
afin d'être sans retard dans le bain, c'est une grave
erreur qui ne manque pas d'inconvénients, et pour
les personnes nerveuses ou délicates de la poitrine
il faut l'éviter à tout prix, car les vents et les varia-

tions de température sont beaucoup plus sensibles à une si grande proximité des plages.

Nous voulons parler aussi du costume à choisir pour les bains de mer ; il doit être en première ligne convenable, ensuite ample ; les bras et les jambes peuvent rester nus afin de ne pas gêner les mouvements, mais rien n'est d'aussi mauvais goût qu'un costume décolleté d'une façon immodérée, cela manque de distinction ; de plus, il ne faut jamais choisir d'étoffes claires ; ce qui convient le mieux est la serge noire qui ne déteint pas. Le bleu marine est certainement plus seyant, mais l'eau de mer l'abîme en fort peu de temps, et le bleu déteint vite sur les galons, c'est un véritable désastre.

Le costume de bain se compose d'un pantalon et d'une blouse (toujours en étoffe de laine), l'un et l'autre seront larges pour ne pas gêner les mouvements ; on peut mettre à la taille une ceinture de gymnastique qui maintient le corps en lui donnant plus d'agilité. Sur la tête on placera un bonnet de toile cirée qui est plus coquet que le bonnet de caoutchouc gris ; celui-ci, s'il n'est pas beau, est pourtant le seul pratique pour les nageuses, car il est le seul qui empêche absolument les cheveux d'être mouillés, encore faut-il laisser la coquetterie de côté et ne pas craindre de le mettre très en avant, au risque de paraître laide. L'eau de mer n'abîme pas les cheveux, mais elle les mouille désagréablement ; de plus, en pénétrant dans les oreilles, elle détermine fort souvent de violentes douleurs chez les personnes qui y sont sujettes. On peut obvier à cet

inconvénient en mettant un peu de coton huilé dans
le conduit auditif.

Comme complément du costume, il est urgent
d'avoir un bon peignoir de molleton dans lequel
on s'enveloppe pour aller et revenir de la plage à sa
cabine.

Après avoir dit quelques mots de la toilette nous
allons parler du bain lui-même. L'immersion directe
dans l'eau salée est bienfaisante par excellence,

Costumes de bain.

toutes les fois que les individus sont frappés de
lymphatisme, de débilité, d'affaiblissement, que la
cause soit due à une chose ou à une autre, l'action
efficace et réparatrice se fait sentir quand même.

Les enfants chétifs, les jeunes gens et les jeunes
filles à l'âge de la puberté, les femmes fatiguées
par les exigences mondaines y puiseront une
force nouvelle. Pour qu'un bain soit profitable,
il faut qu'il soit pris dans des conditions d'hygiène
spéciale. Une chose essentielle est que la réaction
s'opère bien; cette réaction c'est le réchauffement

du corps par ses ressources propres. Il est plus facile
d'obtenir cette réaction dans les bains de mer que
dans ceux d'eau douce : 1° à cause de la propriété
stimulante du sel; 2° par la chaleur que procure le
choc des vagues.

On doit se plonger tout d'un coup dans la
mer; quelques personnes se font jeter un seau
d'eau avant d'entrer, la sensation est désagréable,
mais vite passée. Plus on tarde à s'enfoncer, plus
le froid semble pénible. Quand vous êtes plongés,
ne restez pas inactifs; si vous savez nager, nagez;
sans cela, sautez, dansez, remuez. On peut, pour
apprendre à nager, se parer d'une ceinture spéciale
appelée « ceinture de natation ». Il en existe de deux
façons; soit en caoutchouc, soit en liège : celles de
caoutchouc sont préférables aux autres qui écorchent
facilement les bras. La durée du bain doit être fort
courte, dix minutes au plus; les bains longs affaiblis-
sent et peuvent même, si on les prolonge d'une façon
démesurée, amener des syncopes très dangereuses.

En sortant de l'eau froide il est très agréable de
prendre un bain de pieds chaud; la réaction s'opère
sûrement de cette façon, les enfants doivent toujours en prendre, on est plus certain qu'ils sont
bien réchauffés.

L'époque des bains de mer commence en juin
pour se terminer à la fin de septembre; quand on
en a bien pris l'habitude on se baigne par tous les
temps, même quand la température est froide. Une
grande marche est une chose excellente quand le
bain vous a semblé saisissant.

On peut encore, pour se réchauffer, prendre une liqueur tonique ou une boisson d'une température élevée, si l'on n'a pas la crainte de couper l'appétit par cette pratique.

S'il est des personnes qui se trouvent bien du

Les bains de Frascati au Havre.

régime balnéaire, il en est d'autres qui ne peuvent le supporter; ce sont : les organisations nerveuses, ceux qui sont atteints de couperose ou d'acné, enfin les malades de la poitrine! Disons qu'il est toujours utile, avant de commencer une saison, de demander conseil au docteur.

Il est préférable de prendre son bain à marée haute; quand la mer descend il faut craindre les

courants sur certaines plages, les bons nageurs
mêmes doivent s'en éloigner, car ils les entraîneraient
au large malgré tous leurs efforts.

En terminant le chapitre des bains, nous voulons
dire quelques mots de la natation; cet art si utile
n'est pas seulement un plaisir, un divertissement,
mais encore une chose de la plus haute importance.

La natation a des principes qu'il ne faut pas igno-
rer pour les mettre en pratique. Une fois que la
théorie est apprise, on peut se servir, ainsi que nous
l'avons dit, de la ceinture de caoutchouc; un point
important est de la bien placer; car si elle est atta-
chée trop bas on perd facilement l'équilibre et les
pieds sortent de l'eau. Avec cette ceinture on ap-
prend le « coup », c'est-à-dire la façon de ramener
et de pousser les pieds et les mains pour obtenir
un mouvement de progression.

Le meilleur moyen pour apprendre vite à nager,
c'est d'avoir confiance et de ne pas craindre de
lâcher pied. Il est plus facile de nager dans l'eau
salée que dans l'eau douce; pour faire la planche
(c'est-à-dire pour rester étendu sur le dos pendant
un certain temps), il suffit, dans la mer, de s'allonger en une position convenable et de remuer légèrement les mains, il est bon de savoir faire la planche;
cet exercice sert à se reposer de temps en temps
quand on a une grande distance à parcourir. On
peut apprendre à nager à sec, à plat ventre sur
un pliant; cela réussit souvent, mais de cette façon
on ne prend pas de hardiesse. Les mouvements
se font facilement; il faut : 1° allonger vivement

les bras et les jambes celles-ci écartées ; 2° rapprocher les genoux les jambes tendues, séparer les mains; 3° décrire un demi-cercle de chaque main et rapprocher les talons du corps. Il ne faut pas craindre de donner un vigoureux coup de jarret, car c'est lui qui fait avancer le nageur.

Nager à la brasse. — Cette façon de nager est plus fatigante que les autres; il faut beaucoup de vigueur pour exécuter les mouvements et surtout une longue haleine, car la première partie se passe sous l'eau, pour acquérir une plus grande rapidité.

On commence par préparer ses bras et ses jambes dans la position ordinaire, puis on lance les mains en avant en plaçant la tête entre les bras toujours sous l'eau ; avec les jambes on agit comme si l'on voulait lancer de formidables coups de pied, en filant entre deux eaux ; on reste les membres allongés pour ne pas retarder l'impulsion, quand on la sent se ralentir on ramène les talons près du corps et on remonte à la surface de l'eau jusqu'à ce que l'on ait repris sa respiration.

A la marinière. — Pour nager à la marinière il faut faire marcher les bras séparément ; puis, au lieu de se tenir sans cesse à plat ventre, on nage tantôt sur un côté, tantôt sur l'autre.

Le premier mouvement consiste à tendre le bras droit en ayant la tête placée sur ce bras et le corps incliné du même côté; le bras gauche étendu le long du côté gauche, la main appuyant sur l'eau à la hauteur des genoux, les jambes pliées pendant ce temps. Au deuxième mouvement les jambes se détendent et on opère avec le côté gauche de la même façon qu'avec le côté droit.

La coupe. — Cette manière de nager se rapproche beaucoup de la marinière, mais elle est plus fatigante : on avance rapidement par le procédé de la coupe, vulgairement on dit encore nager à la marsouin.

La planche. — Ainsi que nous l'avons déjà dit, il est fort utile de savoir faire la planche, quand on est en train de nager ; voici le procédé à employer pour se placer sur le dos : gonfler la poitrine par une grande inspiration, puis avec précaution, tourner la tête et les jambes d'un côté de la même façon que dans un lit ; pour se remettre sur le ventre, on garde une jambe immobile pendant que l'autre continue à se mouvoir tout doucement, on se tourne du côté de la jambe active.

Nager sur le dos. — On commence par donner une impulsion avec les pieds, ensuite on se sert des mains comme de rames ; cette façon de nager donne peu de fatigue et il est facile de conserver cette position pendant un certain temps.

Le plongeon. — Avant de parler du plongeon lui-même, nous voulons faire une recommandation importante à ceux qui se livrent à cet exercice ; c'est celle de se boucher les oreilles avec un peu de coton huilé, afin d'éviter des accidents qui sont susceptibles d'amener souvent la surdité.

On peut plonger de plusieurs manières ; soit d'un bateau ou de la berge, quand la profondeur est assez grande ; les mains rapprochées au-dessus de la tête, les bras formant un angle ou en se laissant tomber les jambes réunies et les bras bien rappro-chés du corps.

Si l'on veut plonger la tête la première, le corps doit décrire une courbe bien marquée, afin d'éviter les plat-dos ou les plat-ventre qui sont fort désa-gréables. Pour revenir du fond à la surface, si la profondeur n'est pas grande, il suffit de donner un bon coup de jarret en touchant le sable, et en ayant le soin de tenir les bras bien collés au corps; si, au contraire, la profondeur est considérable, on lève les jambes l'une après l'autre et l'on exécute le même mouvement que pour monter un escalier.

L'exercice du plongeon n'est pas seulement un plaisir, il est de toute utilité quand on cherche à sauver quelqu'un qui se noie.

Pour opérer un sauvetage, il faut être non seule-ment bon nageur, mais encore vigoureux et pru-dent. Le meilleur moyen à employer est de tâcher d'approcher de la personne en danger sans qu'elle se doute que vous veniez à elle; puis la saisissant par les deux bras, au-dessous des épaules, vous la poussez devant vous en nageant des jambes; ce procédé est préconisé pour empêcher le sauveteur d'être saisi par celui qu'il sauve, ce qui arrive sou-vent et occasionne deux morts au lieu d'une.

En cas de crampe, voici ce qu'il faut faire; frapper d'un coup subit et net le membre affecté de cet inconvénient; la crampe ne tarde pas à disparaître par ce procédé.

CHAPITRE IV

LA PÊCHE

Costumes de pêche. — Chaussures. — Engins. — De toutes les distractions, la pêche est celle que l'on recherche le plus au bord de la mer. Il n'y a même pas besoin de beaucoup d'adresse pour arriver à rapporter

Scène de pêche.

après une heure de besogne un panier bien garni. Nous ne parlons pas de la pêche en pleine mer que nous laisserons aux gens du métier. Il y a suffisamment à récolter sous les varechs et dans les rochers pour la satisfaction du petit monde des pêcheurs et la tranquillité des parents. Le plus beau dans la partie de pêche est le costume. Nous allons en donner une description sommaire ; pour les garçons il est impos-

sible de trouver mieux qu'une culotte et un jersey de
laine bleue ou noire ; la culotte *sera fort courte,*
bien entendu. Les pieds seront chaussés de souliers
à semelles de caoutchouc, sans bas dedans ; pour les
petites filles, on leur fera un pantalon et une jupe
froncée ou plissée de molleton bleu, rouge foncé ou
brun, un jersey chaud, et par dessus un veston court
toujours en molleton. Le veston sera muni d'un
capuchon afin de garantir la tête et les oreilles en

Panier de pêche.

cas de vent ; mêmes chaussures que pour les garçons.

Les jeunes filles peuvent aussi mettre une jupe
courte pour pêcher, cela est beaucoup plus convenable que de relever sa robe sur des jupons de couleurs variées.

On portera en bandoulière soit un panier d'osier à
couvercle percé, soit une boîte de fer-blanc ; cette
dernière est préférable si l'on veut rapporter les
sujets vivants pour en garnir un aquarium. Pour
pêcher, il faut se munir d'engins divers suivant la
pêche à laquelle on veut se livrer ; si c'est pour at-

traper des crevettes, il est nécessaire d'emporter des filets spéciaux avec une barre de bois à l'avant ; on les traîne sur le sable, au fond de l'eau, en prenant cette barre comme point d'appui.

Pour la pêche aux crabes, on se servira d'une espèce de pique de fer recourbée à une extrémité, puis d'un tout petit filet appelé épuisette ; pour arracher les patelles ou flies des rochers, on aura un couteau très large du bout et assez fort pour s'en servir comme d'un levier ; enfin, pour la pêche aux équilles, c'est une bêche bien longue et bien solide qu'il faut prendre. Ne pas oublier du sel pour les manches de couteau.

Les filets les plus employés pour la pêche sont : le haveneau, mais il ne sert que dans la pêche en pleine mer ; sur les côtes, c'est le trouble qui est le plus à la portée de tous ; il est de plusieurs dimensions.

Engins de pêche.

Cet engin est formé d'un demi-cercle de bois dont les extrémités sont reliées par une corde raide, une poche en filet est établie au-dessous du cadre auquel on adapte un manche pour le mouvoir.

Le bouteux est encore un filet de la même forme que le trouble ; on s'en sert de la même façon que les jardiniers se servent du râteau dans le jardin.

La balance est une poche de filet dont on fait usage pour prendre les crustacés.

Il y a de plus les hauts-parcs, les bas-parcs, mais ces sortes d'engins appartiennent aux pêcheurs de profession. Il existe un grand nombre de filets traînants ; le plus connu parmi eux est le chalut, employé pour prendre des poissons plats ; la drague se traîne aussi au fond de la mer, mais pour s'en servir il faut être en bateau. On peut faire soi-même ses filets ; on dessine la forme de l'engin sur un grand morceau de papier, et avec le modèle sous les yeux on doit suivre la forme voulue en agrandissant ou diminuant à volonté ; il ne faut pas prendre de la ficelle trop câblée, car elle se tortille, ce qui rétrécit beaucoup l'ouvrage. Il faut avoir soin de visiter les filets tous les jours et de les raccommoder soigneusement soit à la navette, soit à l'aiguille ; moyennant une légère rétribution, on trouve facilement des enfants ou des fillettes de pêcheurs qui sont aptes à remplir cette besogne.

La pêche aux crevettes. — Les crevettes sont de jolis petits crustacés qui semblent des homards en miniature ; vivantes elles sont blanches et transparentes, fines, et d'une agilité peu commune ; il y en a un assez grand nombre d'espèces parmi lesquelles se trouvent : la crevette commune ou cragnon, et la crevette rose ou palæmon ; on la rencontre fréquemment sur les côtes de la mer du Nord et de la Manche ; la squille mante, qui vit exclusivement dans la Méditerranée, atteint jusqu'à 19 ou 20 centimètres de longueur, elle est connue vulgairement sous le nom de langoustine à cause de sa ressemblance avec une petite langouste. Les crevettes grises, chevrettes ou salicoques sont les plus répandues; on peut en pêcher partout, principalement sur les plages de sable, elle abondent dans certaines localités.

Les crevettes roses ou bouquet sont plus difficiles à rencontrer, c'est au large souvent qu'elles se prennent; le plus beau bouquet et le plus estimé vient de Cherbourg ; on va le pêcher en pleine mer, derrière la digue. On en rencontre beaucoup près de l'île

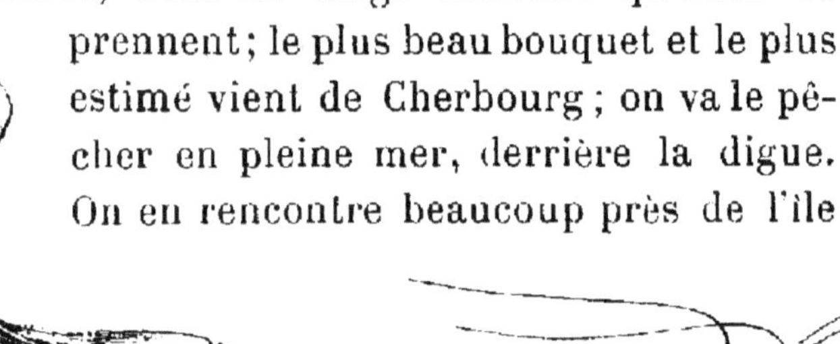

Crevette bouquet.   Crevette.

de Noirmoutier. La crevette grise, sans être aussi recherchée que le bouquet, est délicieuse quand on la mange toute fraîche, c'est-à-dire quelques heures après qu'elle a été pêchée. Le moment le plus favorable pour la pêche à la crevette est sans contredit le matin, quand la mer se retire de bonne heure ; car il est nécessaire d'effectuer cette pêche à marée descendante. Pour pêcher la crevette à une heure aussi matinale on peut mettre son costume de bain, et sur la tête un chapeau à larges bords, mais bien maintenu par un ruban afin que le vent ne l'emporte pas au loin. Le filet employé pour pêcher la

crevette s'appelle une turbe ; il est de taille moyenne,
et fort léger. On en trouve facilement au bord de
la mer, dans toutes les villes ou villages ; avec ce
filet, il faudra se munir d'un panier dont le couvercle est orné d'une petite ouverture, destinée à
laisser passer les crevettes chaque fois qu'il y en a
une de prise, sans être obligé d'ouvrir le panier ; on
le passera en bandoulière sur une épaule.

La pêche à la crevette.

Il faut avoir le soin de se chausser d'espadrilles ou
de chaussures de bains de mer afin d'éviter les blessures que pourraient occasionner les débris de coquillages ou les morceaux de verre qui se rencontrent
trop souvent sur le sable ; les plaies du pied étant
généralement fort dangereuses et pouvant facilement
amener la mort, on ne saurait prendre trop de précautions.

Pour procéder à la pêche aux crevettes, il ne faut
pas craindre d'entrer dans l'eau jusqu'à la ceinture ;

il est bien entendu que les enfants se contentent de
prendre quelques-unes des sauteuses restées dans les
grandes mares (je parle des petits bébés). Les crevettes viennent du large sur le bord, il faut donc
aller à leur rencontre, en poussant son filet devant
soi, tout en l'appuyant sur le fond du sable de la
mer; de temps en temps on lève pour en retirer ce
qui a été pris... Les surprises ne manquent pas,
souvent c'est une petite plie, une sole moyenne, de
petits turbots, des grondins et des vives qui rem-

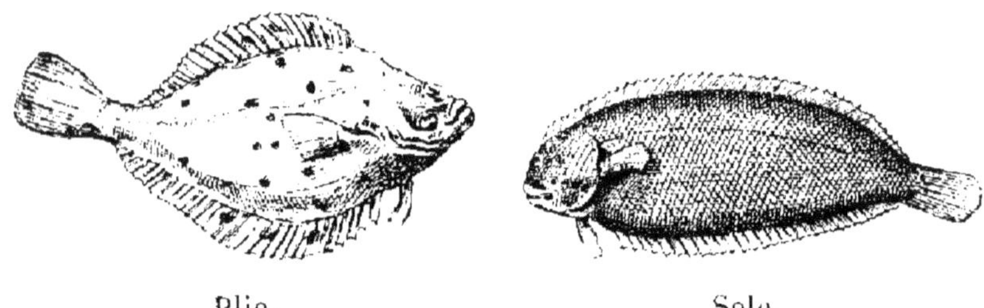

Plie.   Sole.

placent la crevette désirée. Ces captures inat-
tendues ont un grand charme, comme vous le pen-
sez : il est d'usage de rejeter à la mer les trop petits
poissons ; on doit même le faire, afin de ne pas la
dépeupler inutilement. Nous recommandons pourtant à nos lecteurs qui veulent avoir un aquarium,
d'en garder quelques-uns, ceux qui leur paraîtront
les plus vigoureux ; dans cette intention, ils se
seront munis, à l'avance, d'une boîte en fer blanc
assez grande pour contenir une certaine quantité
d'eau qu'ils renouvelleront de temps en temps ; ils
placeront cette boîte au bord de la mer, et iront y déposer leurs poissons quand ils en trouveront ; s'ils

l'attachaient à leur ceinture, ils courraient le risque de voir les futurs habitants de leur aquarium massacrés au bout de peu de temps, par les chocs qu'ils recevraient le long des parois de la boîte.

Ainsi que nous l'avons dit plus haut, il se trouve quelquefois des vives dans le filet aux crevettes ; nous voulons, à ce sujet, faire quelques recommandations toutes spéciales à cause des dangers que présente ces poissons. La vive comprend quatre variétés : le toquet ou petite vive, et la vive commune, qui se rencontrent sur toutes les côtes de France, puis la vive à tête rayonnée et la vive araignée, qui sont spéciales à la Méditerranée. Ces animaux s'enfoncent dans le sable à une petite profondeur, on évitera donc d'être piqué par eux en se chaussant ainsi que nous l'avons recommandé. Toutes les vives sont munies aux nageoires, à la face dorsale et sous le ventre, d'aiguillons fort durs qui sécrètent un liquide essentiellement venimeux ; les blessures qu'elles produisent sont d'une extrême gravité ; la rapidité avec laquelle se développent les accidents a quelque chose d'effrayant : une violente douleur se fait sentir subitement, et le membre atteint enfle tout d'un coup. Des phlegmons diffus, des panaris peuvent être la conséquence d'une telle piqûre. Les vives ont été reconnues si dangereuses

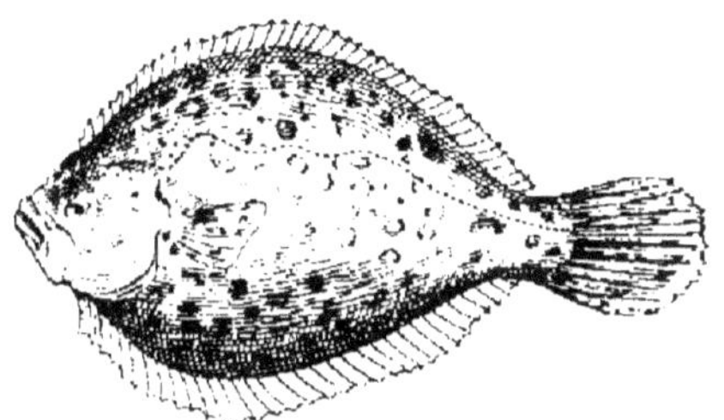

Turbot.

qu'une ordonnance de police avait imposé aux
pêcheurs l'obligation de couper les épines de ces
poissons avant de les porter au marché ; cette ordonnance est encore mise en vigueur dans les villes du
Midi.

S'il arrive que l'on soit piqué malgré tout, la première chose à observer est de faire saigner la plaie le
plus possible en la pressant avec force, puis on la
cautérise avec de l'ammoniaque ou de l'acide phé-
nique. Il est toujours prudent d'aller trouver un
docteur dans le plus bref délai.

Revenons à la pêche aux crevettes, qui nous occu-
pait auparavant. C'est à la marée tout à fait basse,
quand les herbes commencent à apparaître, que l'on
trouve les plus grosses et les plus belles ; on y rencontre parfois du bouquet ; lorsqu'on les pêche, on
ne reconnaît pas toujours à quelle espèce de crevettes on a affaire ; à la cuisson, le cragnon ou
crevette grise garde sa couleur, tandis que le palæmon à scie devient rouge et est appelé alors bouquet. En revenant de la pêche aux crevettes, on
fera bien de s'envelopper et de prendre un breuvage
chaud, afin de ramener la circulation qui peut avoir
été interrompue par un trop long séjour des extrémités dans l'eau froide.

Nous nous permettrons, pour terminer, de donner
quelques conseils pour la cuisson et la dégustation
des crevettes. Il est bon de les faire cuire dans l'eau
de mer, en mettant du poivre, un fort bouquet de
thym et de laurier ; après huit ou dix bouillons
l'opération est faite.

A Dunkerque, à Honfleur, en Angleterre, à Wistable, où l'on pêche des quantités considérables de crevettes grises, on les sert toutes chaudes sur la table ; elles sont délicieuses ainsi, mais beaucoup plus indigestes.

Pêche aux crabes, aux langoustes et aux homards. — Une des plus amusantes pêches au bord de la mer est sans contredit celle du crabe ; nous devrions dire des crabes, car ce genre renferme plusieurs espèces. Il y a un certain nombre d'années, les crabes étaient seulement connus et mangés dans les ports de mer ; aujourd'hui on les envoie sur les marchés de Paris, où ils font concurrence aux langoustes et aux homards.

Crabe.

Sur toutes les plages on rencontre ces animaux, et c'est une erreur de penser qu'ils se trouvent plutôt là où il y a des rochers ; on peut en pêcher partout. Ce sont les nettoyeurs des grèves, et ils mangent tous les débris avec une avidité incroyable. Les crabes peuvent vivre sans être submergés, pourvu qu'ils soient à l'humidité ; c'est ainsi que certaines espèces restent dans les rochers et sous les herbes, pendant que la mer se retire.

Pour la pêche au crabe, il faut se munir de quelques instruments utiles et précieux : 1° d'une pique de fer assez forte pour former levier et déplacer quelques rochers ; 2° d'une tige de bois ou de métal garnie d'un crochet recourbé à l'aide duquel on fouillera les varechs et les crevasses des roches; 3° enfin d'un assez vaste panier pour mettre la récolte qui ne manquera pas d'être fructueuse, si les pêcheurs savent s'y prendre.

Il est peu de personnes qui ne connaissent le crabe avec sa carapace verdâtre ou brune et ses pattes bizarres; sa démarche surtout est curieuse lorsque, pris de peur, il se sauve en courant de travers avec une rapidité assez grande; on en trouve de tout petits dans les flaques d'eau, ceux-là sont appelés crabes enragés ou crabes fous, et ne valent rien; ils sont souvent martyrisés par les enfants. Pourtant, il sera bon d'en ramasser un certain nombre, soit pour en mettre un ou deux dans l'aquarium, soit pour s'en servir comme appât pour prendre d'autres animaux de la même espèce, ou pour pêcher certains poissons.

Le plus gros et le plus beau des crabes est bien certainement le tourteau. Il a des pinces énormes, sa carapace est lisse et d'un brun rougeâtre, il se tient blotti dans les interstices des rochers et il est quelquefois difficile de s'en emparer; voici un moyen qu'emploient les gamins bretons et normands : ils taillent de longues baguettes fines et flexibles, et quand ils ont découvert la retraite d'un tourteau, ils lui enfoncent la pointe de leur baguette dans la bouche; celui-ci pour se défendre la saisit à pleines pinces et ne la lâche souvent plus; alors avec de grandes précautions on arrive, en tirant la baguette, à le sortir de son antre. Dans les grands trous, ou sous les grosses roches, on rencontre quelquefois le maïa squinado, ou l'araignée de mer ; elle est d'un aspect repoussant, avec les épines irrégulières qui hérissent son dos et ses longues et multiples pattes arrondies qui la font complètement ressembler à une araignée monstre ; malgré sa laideur, elle est aussi recherchée que les tourteaux, car sa chair est très délicate.

L'étrille se trouve partout, mais on ne peut le ramasser en faisant la maraude sur la plage, car ce crabe appartient à la catégorie des crabes nageurs ; il est bien facile à reconnaître ; ses pattes sont tout à fait aplaties, et le bord de ces appendices est couvert de poils épais ; ce crabe est aussi délicieux que ceux que nous avons nommés précédemment.

Nous voulons indiquer à nos lecteurs un moyen infaillible d'attraper quelques-uns de ces crustacés, le voici : on attache à l'extrémité d'une longue ficelle, un morceau d'appât quelconque, viande, fromage de gruyère, etc... ; à l'autre bout de la ficelle on fixe une pierre assez légère ou un morceau de bois peu lourd ; on place cette ficelle ainsi préparée près des plus gros rochers dans lesquels l'on soupçonne la présence de crabes. Cette opération terminée on se retire ; la mer monte, et les crabes qui étaient au large arrivent sur la plage pour y trouver à manger, ils aperçoivent bientôt la viande ou le fromage, ils s'en emparent et les transportent dans une retraite qui les mettra à l'abri du mouvement des flots ; dès que la mer sera basse, l'on ira examiner les rochers et les pierres ; les ficelles

indiqueront sûrement la retraite des gourmands ;
il ne restera plus qu'à les cueillir. Cette pêche est
des plus amusantes, et se pratique journellement
sur les côtes de la Manche et de l'Océan. Pour les

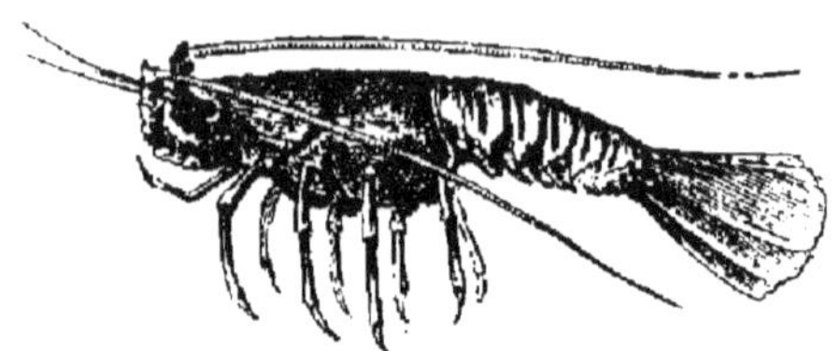

Langouste.

pêcheurs plus intrépides, il y a la pêche à la langouste et au homard, qui ne manque pas d'intérêt,
mais elle est assez difficile à effectuer, puisque ces
crustacés ne se pêchent qu'en pleine mer ; il faut

Homard.

s'arranger avec le patron d'un bateau de pêche, et
moyennant une légère rétribution, il emmènera les
amateurs relever les paniers qu'il aura posés au large
la veille au soir. C'est sur les côtes anglaises que
l'on trouve le plus de homards et de langoustes,

mais il n'en manque pas non plus sur les côtes françaises; à Cherbourg, derrière la digue ils sont en grand nombre; à Saint-Malo, ils ne font pas défaut; enfin, les environs de l'Ile-Dieu en sont absolument peuplés.

La pêche aux équilles, au lançon. — Un des plus grands attraits des plages de sables, c'est la pêche aux équilles; grands et petits, tous y prennent part avec la même joie; les petits sont utiles aux grands dans cette circonstance; ils ont plus d'agilité pour saisir la proie au moment voulu, et leur petite taille leur permet de se baisser plus facilement.

Le lançon et l'équille se ressemblent énormément, et beaucoup de personnes, des pêcheurs eux-mêmes, les confondent; il y a pourtant une différence, dans la taille d'abord, car le lançon est plus long que l'équille de quelques centimètres, il remonte l'embouchure des petites rivières où il est pêché à la ligne, tandis que l'équille ne se prend que dans le sable; ce dernier petit poisson est fort malheureux; s'il sort de son enfouissement, il est happé par des maquereaux, des anguilles, des congres, etc.; quand il entre dans le sable, c'est une bêche ou une fourche qui viennent le déloger.

Le meilleur moment pour la pêche aux équilles est sans contredit le soir, au clair de lune; à Granville, par exemple, et dans d'autres localités, les pêcheurs de profession l'effectuent à une heure assez avancée; ces poissons reluisent dans l'obscurité comme des serpents argentés et ils n'échappent pas, même aux yeux les moins exercés; mais il est peu de personnes qui consentent à courir la grève autrement qu'en plein jour. Pour pêcher le lançon ou les équilles, il faut se munir d'une bêche bien coupante, ou d'une petite fourche et d'un râteau ; on examine attentivement la plage, et au moindre petit trou aperçu dans le sable, on enfonce vivement la bêche en retournant la motte ; avec le râteau on l'éparpille, et vite il faut saisir la proie, car en une seconde elle serait enfoncée de nouveau.

Dans quelques ports belges et anglais, la pêche à l'équille se fait au moyen d'une espèce de charrue d'un modèle spécial ; le soc remue le sable et les pêcheurs n'ont qu'à ramasser.

Bien entendu c'est quand la mer est tout à fait basse qu'il faut se livrer à cet exercice.

Les oursins. — Pour ceux de nos lecteurs qui choisiraient les côtes de la Méditerranée comme résidence, il est important de ne pas passer sous silence la pêche à l'oursin, qui est une passion de tout Méridional ; n'allez pas croire que l'oursin, pour cette raison, ne se rencontre que dans

Oursin.

les parages de Marseille, de Nice ou de Monaco, ce serait une grave erreur ; il s'en trouve partout, et en Bretagne les oursins atteignent quelquefois une grosseur prodigieuse ; on les trouve sur les rochers, sous les algues, ou plus souvent encore, simplement sur le sable ; dans le Midi, on les pêche d'une façon très originale ; quand la mer est calme et transparente, on prend une petite embarcation, et tout près du bord on navigue bien doucement ; on aperçoit alors les oursins sur le sable ; on les attrape à l'aide d'un long roseau fendu en quatre à l'une de ses extrémités. Une épuisette à long manche peut rendre le même service que le roseau.

Pour les amateurs, l'oursin constitue un mets délicieux ; on le mange cru, son contenu a l'aspect d'une gelée orange. Pour l'aquarium, il est fort intéressant de récolter quelques oursins, ils voyageront au fond du vase, ou le long des parois. Ces animaux sont munis de dix rangs de trous qui laissent passer un pied chacun, c'est au moyen de cet appendice qu'ils arrivent à se mouvoir, difficilement il est vrai.

CHAPITRE V

LA PÊCHE A LA LIGNÉ AU BORD DE LA MER

Avant de clore notre chapitre sur la pêche, nous voulons dire quelques mots sur les poissons que l'on peut prendre au moyen de lignes sans être obligé d'aller en pleine mer, ce qui non seulement n'est pas à la portée de tous, mais encore peut offrir de véritables dangers.

Parlons d'abord des lignes de sable ; ainsi que leu

nom l'indique, elles se tendent sur la plage, à marée basse ; elles consistent en un petit câble fin ayant 10 à 12 mètres de longueur, aux extrémités duquel on place une forte pierre ; tous les 2 mètres environ se trouvera un crin ou un fil de 20 à 30 centimètres au bout duquel sera fixé un hameçon assez gros, mais bien conditionné ; on peut mettre près de l'hameçon un tout petit bouchon de liège, au dernier moment l'appât y sera fixé ; la mer monte et ne tarde pas à recouvrir cette ligne ou ces lignes, car il faudra en mettre un certain nombre pour avoir une pêche fructueuse ; quand la marée redescend on s'empresse d'aller relever les engins auxquels souvent sont pris un bon nombre de poissons, tels que des turbots, des plies, des congres, des carrelets, des godes, etc...

On s'est servi, pour les attirer, de vers rouges ou blancs, de petits crabes, de crevettes, de coquillages, ou simplement de morceaux de viande. Lorsque l'on veut pêcher à la ligne, le bon endroit pour se placer est généralement l'entrée du port, aussi les jetées sont-elles souvent fréquentées par les pêcheurs ; il n'y aura bien entendu que les papas et les grands frères qui se livreront à cet exercice pendant que les mamans et les bébés prendront leur bain ou joueront sur le sable ; certaines espèces seulement sont susceptibles d'être pêchées dans les endroits que nous venons de désigner, parmi elles on trouve : les petites morues, les officiers, les gades, des capelans, etc... On se sert, pour les prendre, d'un petit câble assez fin ayant environ 5 ou 6 mètres de longueur, à l'extrémité duquel on a attaché solidement un morceau de plomb de la grosseur d'une noix environ ; ensuite prenant deux petits morceaux de baleine longs d'environ 10 ou 12 centimètres, on les fixe à la corde dans le sens des barreaux d'une

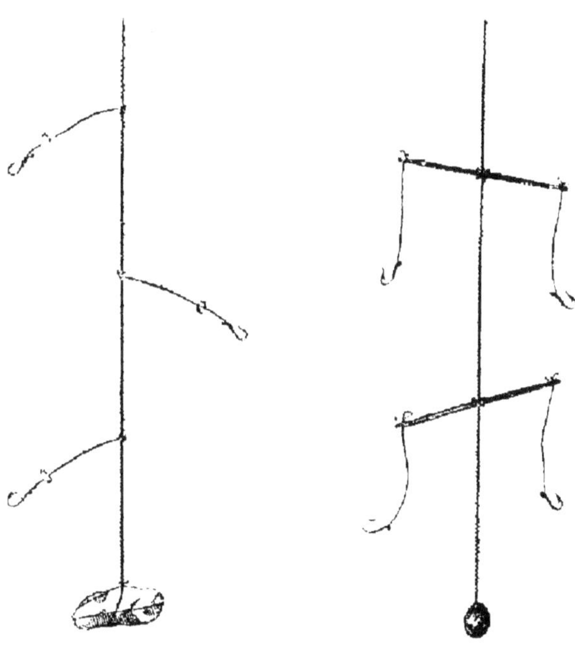

Ligne de sable.   Ligne de jetée.

échelle à perroquet, en les espaçant l'une de l'autre de 0^m,25 environ, la première étant fixée ainsi à 25 centimètres du plomb ; aux quatre extrémités de ces baleines on attache les hameçons à 15 centimètres au moyen d'un fil solide, puis on place l'appât qui consiste en crabe mol, c'est-à-dire crabe dont la carapace est en train de se renouveler, en crevettes, ou en viande ; la ligne doit être lancée un peu loin; l'extrémité de la ficelle sera roulée au doigt du pêcheur qui la tirera aussitôt qu'il sentira une légère secousse. A l'entrée des ports, dans les petits golfes, à l'embouchure des fleuves, on trouvera le mulet et le surmulet, jolis et délicieux poissons encore plus communs dans la Méditerranée que dans la Manche ou l'Océan; c'est au mois d'août et de septembre que la pêche en est le plus fructueuse; pour prendre le mulet on emploie toutes sortes de vers de terre ou de vase, mais c'est du ver rouge dont il est le plus gourmand; il ne faut pas choisir un temps de brume ou de brouillard; le vent et la pluie sont au contraire deux bonnes choses.

On peut encore prendre dans les mêmes conditions des perroquets de mer, des bars, et plusieurs autres espèces de poissons suivant les pays.

Pour un grand nombre de personnes c'est un véritable plaisir que de voir arriver les barques de pêcheurs, nous les engageons à emmener les enfants jouir de ce spectacle singulier; en plus du coup d'œil pittoresque qu'il leur sera donné de contempler, ils verront un grand nombre de poissons de toutes sortes, et pour la collection d'herbes marines, ils arracheront aux filets des pêcheurs les espèces les plus rares et celles qui ne se trouvent qu'à une grande profondeur.

Deux mots encore pour engager nos lecteurs à bien se prémunir contre les piqûres faites avec les hameçons; elles sont souvent dangereuses, car ceux-ci sont la plupart du temps en contact avec des matières en putréfaction.

Si on a le malheur de s'enfoncer un hameçon assez profondément dans le doigt ou dans la main, il ne faut pas chercher à l'enlever en tirant dessus, bien au contraire ; le seul moyen d'en venir à bout est de faire appel à tout son courage pour l'enfoncer complètement ; on coupe ensuite la tige de l'hameçon et il sort tout seul de l'autre côté ; mais comme cette opération est fort douloureuse, il est utile de prendre les plus grandes précautions en jetant sa ligne, d'autant plus que les hameçons dont on se sert pour tous ces poissons sont bien plus gros que ceux employés pour l'ablette et le goujon.

CHAPITRE VI

LES COQUILLES COMESTIBLES

Les moules. — Nous parlerons de toutes les coquilles que l'on rencontre sur les plages, et qui sont susceptibles d'être mangées et nous dirons que toutes sont délicieuses ; mais leur qualité varie certainement, et si les unes sont plus recherchées que les autres, c'est à juste titre ; la première des coquilles dont nous devrions nous occuper, c'est l'huître ; pourtant, nous n'en parlerons qu'à la fin du chapitre, car il est bien probable qu'aucun d'entre vous ne sera appelé à en pêcher, puisqu'on les élève en parc ; pour l'instant nous allons passer en revue les moules,

ces coquillages aimés de tous. Partout, dans tous
les ports, sur tous les rochers, on les trouve en
grande quantité, et il est facile de les cueillir sans
la moindre peine; pour aller à la cueillette des
moules, il est préférable de se chausser d'espa-

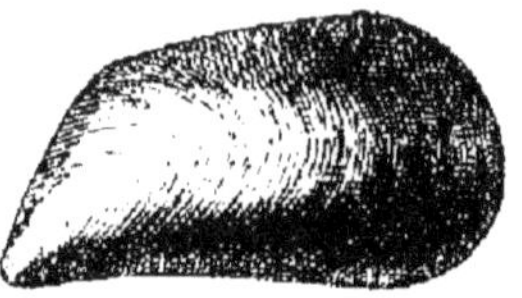

Moule.

Moule.

drilles dont la semelle est moins glissante que celle
des chaussures en caoutchouc, car il est nécessaire
de marcher sur des pierres recouvertes d'herbes très
visqueuses, et l'on pourrait se donner facilement
des entorses sans la précaution que nous venons

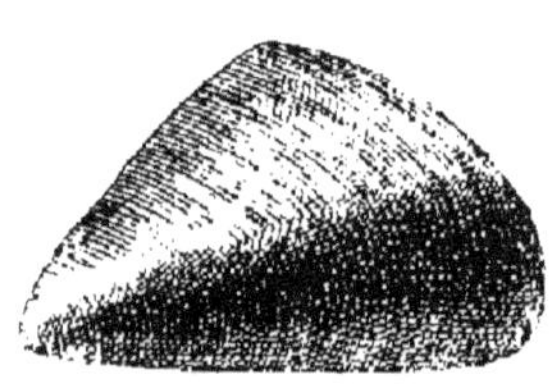

Moule.

d'indiquer; de plus, une chute
sur un banc de moules oc-
casionne des coupures très
douloureuses.

Les moules se tiennent sur
les rochers au moyen d'une
sorte de câble qu'elles ont
sécrété et qui se nomme le byssus; ces mollusques
vivent en grappes qui se relient les unes aux autres
par des masses considérables de petits câbles.

Partout on mange les moules, soit crues, soit cuites;
nous ne conseillons pas à nos lecteurs de les manger
sans les faire cuire, car elles produisent souvent un
effet désagréable à la gorge; il faut se garder de

cueillir celles qui sont attachées aux bateaux, elles peuvent occasionner des accidents; on doit toujours les choisir à une certaine distance sur la plage, à un endroit où elles puissent être recouvertes par la mer deux fois par jour.

Il y a plusieurs espèces de moules; la moins recherchée vaut de 15 à 20 centimes le litre; en Normandie, c'est le coïeux qui est le plus estimé. Tout le monde connaît aussi les petites moules de Boulogne et celles de Honfleur. Par toute la France on mange ce mollusque; l'Océan et la Méditerranée en fournissent une grande quantité; il faut se méfier de celles prises dans un fond vaseux.

Les littorines ou vignots et les flies ou patelles. — Les vignots, qui de leur véritable nom s'appellent littorines, se trouvent en nombre considérable sur toutes les plages; on les voit attachées aux rochers, aux varechs, aux algues, partout enfin. Il y en a une infinité de variétés qui sont toutes comestibles; sans être recherchés, les vignots ont un goût agréable; il faut les tirer de la coquille avec un petit morceau de bois à la pointe effilée, et ne jamais se servir d'une épingle qu'il serait facile d'avaler. On doit avoir soin d'enlever une pellicule arrondie qui se trouve à leur surface, car il est très désagréable de l'avoir dans la bouche où elle se colle au palais.

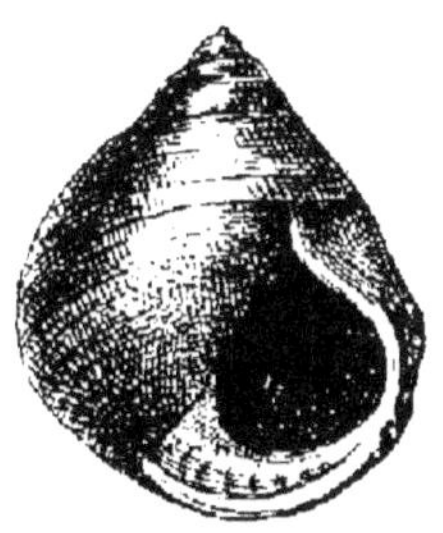

Vignot.

Dans un grand nombre de localités on pêche aussi

les Bucans, appelés encore Ran, Calicoquot, à Cherbourg ; c'est le gros colimaçon de mer ; ce mollusque est assez bon quand il est tout frais, mais sa chair est toujours un peu dure et ferme : ces coquillages

Bucan.

Porcelaine.

très répandus dans la Manche et l'Océan ne vivent pas dans la Méditerranée. On en trouve assez rarement dans les rochers et sous les algues, car ils ont besoin d'un grand fond.

Les patelles ou flies sont des coquilles aussi communes que les vignots ; partout elles se tiennent sur les roches et ont l'air de faire corps avec elles ; pour les détacher, il faut glisser vivement une lame de couteau sous leur coquille qui se détache alors assez facilement de son point d'appui.

Le goût des patelles ou flies n'est pas succulent, néanmoins on en fait un potage qui ne manque pas d'originalité ; on peut encore les faire griller ou les manger comme des moules.

Coquilles Saint-Jacques ou peignes, les palourdes. — Les peignes sont des coquillages tous comestibles ; on les appelle de différents noms : la grande palourde à Bordeaux, la vanne en Normandie, le mantel en Belgique ; cette coquille a deux valves dont

l'une est creuse et l'autre plate ; ces valves sont ornées de côtes rayonnantes. Sa couleur varie du blanc
au rouge brunâtre.

La coquille Saint-Jacques, si connue et très esti-
mée, appartient aussi au genre peigne ; malheu-
reusement nos lecteurs
n'auront probablement
pas l'occasion de la pê-
cher, car elle se tient à
une très grande profon-
deur.

On l'appelle encore
pèlerine à cause de l'ha-
bitude qu'avaient les pè-
lerins qui partaient pour

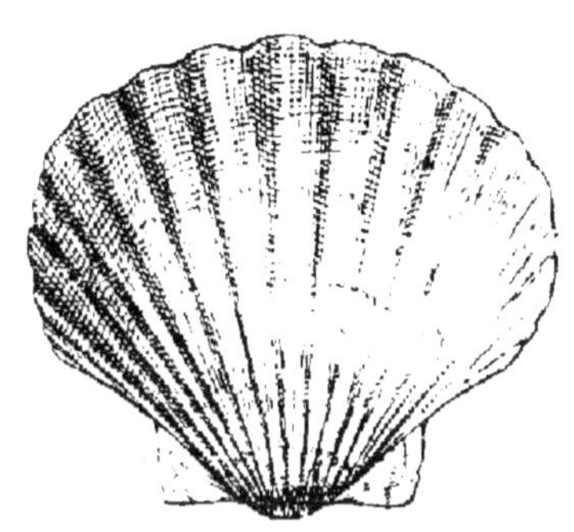

Coquille Saint-Jacques.

la Terre Sainte d'en attacher une à leur chapeau et
une à leur mante.

Les palourdes proprement dites ont deux valves
également bombées ; elles se rencontrent fréquemment sur le sable à marée basse ; dans certains pays,
en Bretagne, on en trouve des quantités considérables ; elles peuvent se manger crues, car elles n'ont
pas le goût âcre de la moule.

Cette pêche n'offre aucune difficulté, puisqu'il
n'y a qu'à se baisser pour ramasser ces coquillages.

Les clovisses ou praires. — Tout le monde connaît les clovisses, ces petits coquillages à deux valves
d'égale profondeur et ornées de fines côtes longitu-
dinales ; elles se trouvent enfouies dans le sable à
une petite profondeur, au pied des rochers ; elles

forment toujours une petite éminence qu'il est facile d'apercevoir.

On peut les déterrer à la main ou à la bêche.

Clovisse.

Les clovisses se mangent crues ou cuites ; dans le Midi on en fait un ragoût avec des épinards. A côté de la clovisse, on trouve la petite praire ou coque qui est un peu plus coriace, mais dont les coquilles blanches et uniformes sont très jolies et amusent énormément les enfants, on l'appelle coque dans certaines localités.

La bucarde. — Il existe encore sur les plages de sable un gros coquillage à deux valves fort blanches et très bien plissées ; c'est la bucarde. Sa chair est certainement peu tendre, mais c'est une pêche amusante, car ce mollusque se cache dans le sable humide et pas à une trop grande profondeur. Sur certaines plages, à Trouville, à Saint-Malo, on en trouve des quantités, mais vides.

Les manches de couteau. — Souvent, en vous promenant sur le sable, il vous arrivera de trouver des morceaux de coquilles très longs et peu larges ; ce sont des manches de couteau, dont le nom scientifique est solen ; il est inutile de vous dire que ce mollusque tire son nom de la forme qu'il affecte ; il est enterré verticalement dans le sable à une certaine profondeur, à la limite de la mer basse, il s'enfonce plus profondément à mesure que la marée descend ; sa présence est signalée par un petit trou

en forme de serrure qu'il est facile de remarquer
sur le sol.

Il existe deux façons de pêcher les manches de
couteau : on peut les prendre à l'aide d'une longue
tige de fer fort mince dont l'un des bouts forme
crochet ; on l'enfonce profondément et l'on tire ensuite l'engin ; il faut avoir le soin de passer le
crochet sous la coquille. Lorsqu'on fera cette pêche
il sera bon de prendre dans son panier une poignée

Manche de couteau.

de gros sel de cuisine, en en mettant une pincée dans
le trou habité par les solens, on peut aisément les
prendre ; le sel les attire et ils montent à la surface au bout de quelques secondes, croyant que la
mer est là, c'est au pêcheur de les saisir vivement
avec le pouce et l'index et de les arracher de leur
retraite. Mais nous devons ajouter aussi qu'il arrive
parfois que les manches de couteau s'enfoncent davantage. On mange leur chair grillée ou bouillie.

Les haliotides ou oreilles de mer. — Ces coquilles ne se prennent pas sur la plage, mais au filet
sur des rochers submergés ; les oreilles de mer,
comme les manches de couteau, tirent leur nom de
leur forme. Ce sont de très jolis coquillages nacrés et
percés de trous symétriques ; on les nettoie en les
laissant séjourner un peu de temps dans l'acide
chlorhydrique qui ronge tout ce qui n'est pas nacre.

Dans un grand nombre de localités on les appelle aussi cofish.

La chair des cofishs est coriace, on la bat souvent avant de la manger, mais bien qu'elle ne soit pas délicieuse on la vend encore de vingt à trente centimes pièce sur un grand nombre de marchés.

Les enfants, en jouant dans le sable, rencontreront sûrement des os de seiche, appelés vulgairement biscuit de mer; ces os de forme ovale, plutôt allongés, sont friables sous le doigt et servent à amuser les oiseaux en cage; ceux-ci aiguisent leur bec à leur surface;

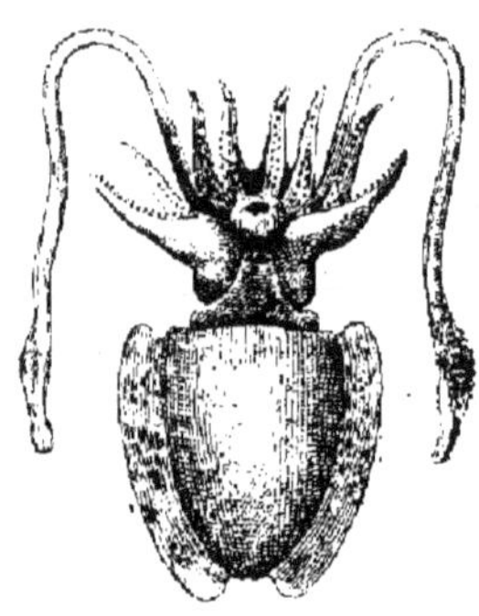

Seiche.

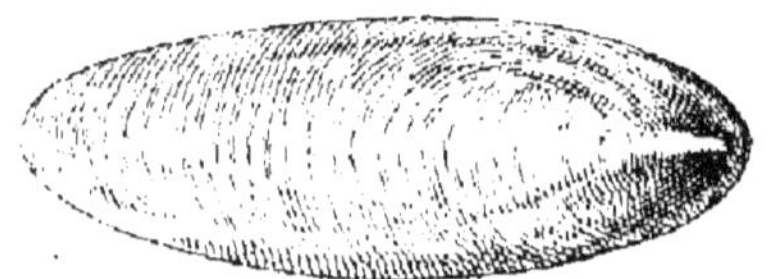

Os de seiche.

pulvérisés ils constituent une poudre à dents assez bonne.

Avant de quitter la plage sur laquelle vous aurez amplement maraudé, je veux vous engager à remarquer encore un petit poisson assez laid, que l'on rencontre dans un grand nombre de petites mares : c'est le boulereau; il est d'une coloration presque noire et sa bouche est armée de petites dents ; mais soyez sans crainte, sa morsure n'est nullement douloureuse, demandez-le plutôt à tous les enfants qui le prennent, souvent pour le martyriser. — Quoi qu'il en soit, il est préférable de ne pas le mettre dans votre aquarium, il est dangereux pour ses semblables.

Dans ces mêmes petites mares, on rencontre aussi le diable de mer ou cotte; il est aussi laid que le boulereau, si ce n'est davantage. Sa tête est fort grosse et hérissée de pointes, il se gonfle à l'approche de la main qui veut le saisir et gronde même quelquefois. Nous engageons nos lecteurs à ne pas chercher à s'en emparer, car ses piqûres, bien que sans gravité, peuvent amener une douloureuse inflammation.

Il nous reste encore à nous occuper du bernard-l'ermite, ce bizarre animal qui a les pinces et la tête d'un homard et dont la queue manque de carapace! Il serait infailliblement dévoré s'il ne prenait la précaution de se mettre à l'abri: il mange pour cela un vignot quelconque et prend sa place dans sa coquille, c'est un procédé peu délicat.

Les bernard-l'ermite sont très curieux à observer, ils feront partie de la population de l'aquarium; mais il faut éviter leur présence dans les plats de vignots destinés à la consommation, car ils répandent une odeur des plus nauséabondes.

Sur les rochers, on aperçoit très souvent de petites masses de grosseur et de couleurs variées; si on les presse avec les doigts, il en sort un jet d'eau qui saute à la figure; ce sont les anémones de mer; on les détache facilement avec l'ongle ou avec un couteau; l'anémone de mer est un des hôtes les plus jolis et les plus gracieux d'un aquarium, car une fois dans l'eau, elle s'épanouit à la façon d'une charmante fleur.

Les nuances de ces animaux-plantes varient à l'infini, elles affectent les couleurs les plus délicates.

L'huître. — Comme nous l'avons dit au commencement de ce chapitre, nos lecteurs ne seront pas appelés à rencontrer des huîtres à l'état sauvage sur les plages ; il s'en trouve encore quelques-unes dans les parages de Pornic, mais généralement les huîtres

Huître Marenne.

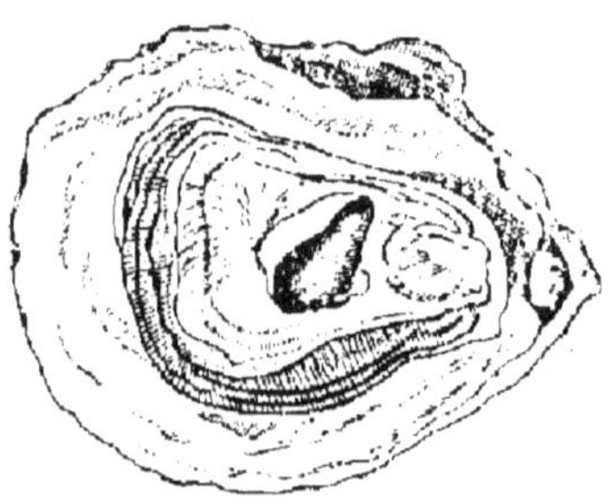

Intérieur d'une huître.

se pêchent en pleine mer, dans un fond très bas, on les prend à la drague et on les place dans des parcs pour les engraisser.

Il y a une quantité considérable d'espèces d'huîtres, depuis le pied de cheval immense, jusqu'à la mignonne huître d'Ostende qui se vend un prix si élevé. Tout le monde connaît les cancales, qui sont parquées dans la baie de leur nom ; elles sont déjà de belle taille et très estimées, les marennes avec leurs bords frangés de rubans verts, les huîtres d'Arcachon, les armoricaines, les huîtres de Courseulles, enfin les huîtres du Portugal aux formes si curieuses.

Nous avons encore les huîtres de provenance
étrangère : les ostendes, les huîtres de Zélande, puis,
nous venant d'Angleterre, on peut citer le Royal
Wistable, l'huître de Colchester, de Burnham.

Voici quelques prix approximatifs : les portugaises
valent de 40 à 80 centimes la douzaine, les petites

Huîtrière.

huîtres d'Arcachon de 25 à 70 centimes ; les cancales, environ 2 francs ; les pieds de cheval de
3 francs à 3^{fr},50 ; les marennes de 2 francs à 2^{fr},20 ;
les ostendes de 3 francs à 3^{fr},50, et à Ostende même ;
les huîtres de Zélande 3 francs à 3^{fr},25 : enfin les
anglaises de Wistable de 3 francs à 4^{fr},50.

Si vous vous trouvez dans un pays où il y ait des
parcs à huîtres, vous pourrez aller les visiter à
marée basse, c'est assez curieux ; les sujets sont

rangés dans les compartiments par âge ou par grosseur. Ce qui vous semblera peu agréable à savoir et
à penser après votre visite, c'est que les huîtres
vivent entièrement dans l'eau très vaseuse.

Marché au poisson.

**Les marchés aux
poissons.** — Pour les
Parisiens en villégia-
ture au bord de la mer,
rien n'est plus curieux
et plus amusant que le
marché au poisson,
car c'est un coup d'œil toujours nouveau et varié;
il arrive quelquefois, il est vrai, que le vent a soufflé
avec violence et que les barques de pêche n'ont
pu sortir, alors les étalages sont dégarnis, mais le
plus souvent il en est autrement et un choix consi-

dérable s'offre à nos yeux : ici ce sont des poissons-
monstres appelés anges de mer, leurs voisins qui ne
leur cèdent en rien pour la taille sont des congres,
espèces d'anguilles de mer ; plus loin, voilà des
anguilles de mer véritables ; là-bas ce sont de belles
paires de soles qui
se tiennent toutes
raides tant elles sont
fraîches, puis des
carrelets, des plies,
des limandes ; les
turbots et les bar-

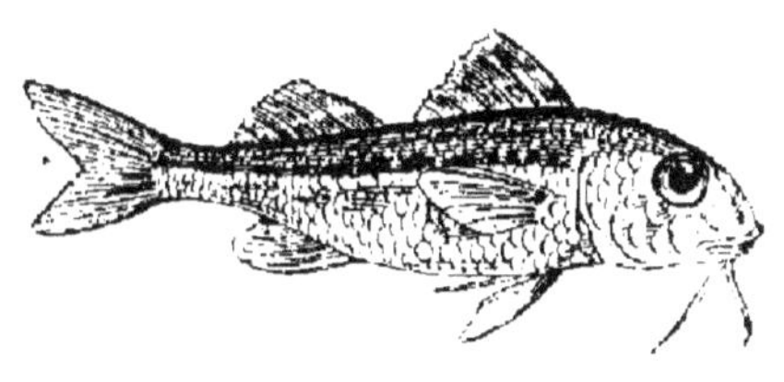
Rouget.

bues attirent les regards des acheteurs ; voilà aussi la
dorade, appelée gros-yeux dans certains pays : c'est
un excellent poisson. Les rougets, les grondins, les
mulets abondent ainsi que les merlans, les maquereaux, et les grosses sardines, c'est vraiment un
coup d'œil très curieux.

Nous avons oublié de
citer les raies, les chiens
de mer, qui ne sont pas
rares ; voilà encore la
brème de mer, le bar,
le blaquet, le cabillaud
dont la chair est excel-

Raie.

lente, enfin on trouve quelquefois l'orphie ou aiguil-
lette, ce bizarre poisson dont la forme a une grande
analogie avec celle de l'anguille ; sa couleur est celle
du maquereau et sa bouche a l'aspect d'un bec de
bécasse armé de dents. Si vous ouvrez une orphie,
après l'avoir fait cuire, vous vous apercevrez que ses

arètes sont du plus beau vert et ressemblent un peu à de la gélatine ; il paraît que ces poissons sont toujours par bandes et qu'il est rare que les pêcheurs n'en prennent pas plusieurs à la fois. Vous verrez encore sur le marché des langoustes, des homards, des crabes, enfin tous les coquillages dont nous avons parlé précédemment ; ils se trouvent là en grande quantité, mais il ne faut pas que cela vous ôte l'idée d'aller à la pêche, jamais les coquilles que vous achèterez ne vous paraîtront aussi bonnes que celles que vous aurez ramassées vous-même.

CHAPITRE VII

LES COQUILLES VIDES POUR COLLECTIONS OU OUVRAGES SPÉCIAUX. — LES GALETS. — LES SABLES DIFFÉ-RENTS.

Nous ne voulons pas entreprendre de vous donner les noms de tous les petits coquillages que vous trouverez dans le sable sec, le nombre en est trop considérable ; d'après la description que nous vous avons donnée des principaux genres, il vous sera facile de voir si vous avez devant les yeux une espèce de palourde, de vignot, ou de peigne, etc... C'est une charmante occupation pour les enfants que la recherche des coquillages ; on les classe par taille ou par couleur dans des boîtes à petits compartiments ;

il y en a de ravissants et d'une telle délicatesse qu'ils imitent fort bien les pétales de roses; certaines plages en renferment un grand nombre, dans la baie de Cancale et à Saint-Malo on en trouve de nombreuses variétés. On profitera des jours de pluie pour organiser sa collection; les grandes sœurs ou les amies prendront les coquilles les plus délicates et les plus colorées pour les transformer en fleurs charmantes; voici de quelle façon elles s'y prendront : elles formeront une petite boule avec du mastic de vitrier et sur cette boule elles placeront une à une les coquilles par taille ou par forme; une fois le mastic un peu séché, on pose la fleur au bout d'un

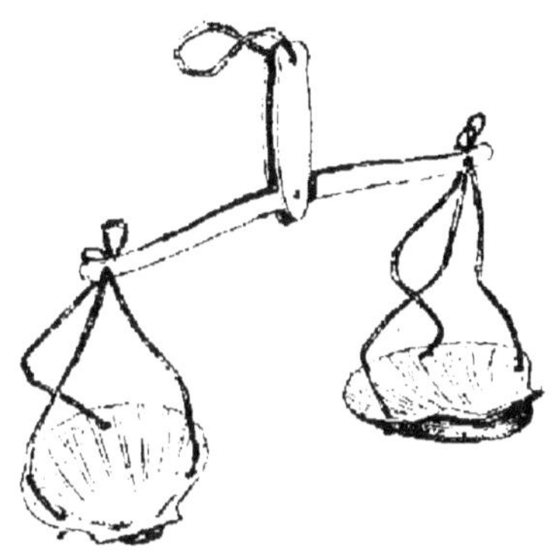

Balance avec coquilles Saint-Jacques.

fil de fer recouvert de papier vert, c'est la tige. Pour décorer les boîtes, il faut simplement poser les coquilles à plat après les avoir enduites de colle forte; on formera des dessins et des mosaïques de toutes sortes, si la surface à couvrir est assez vaste. Dans les coquilles de moules on peut peindre des fleurs ou de petits personnages, puis au moyen d'un petit crochet de fil argenté on en fabrique des boucles d'oreilles. Avec les grandes coquilles Saint-Jacques, on construira des balances pour les tout petits; elles seront plus ou moins justes, mais elles les amuseront énormément, c'est le point principal !... Enfin, si l'on est sur une plage de galets, on en choisira quelques-uns de forme bien plate et bien régulière ; après les avoir mastiqués convenablement on peindra à leur surface une petite marine, un bateau de pêche, et ils deviendront de charmants presse-papier. Les enfants qui ne savent ni peindre, ni dessiner, emploieront pour cet usage des motifs de décalcomanie.

On peut aussi faire une collection de sables ; vous avez sur certaines plages une espèce de gravier

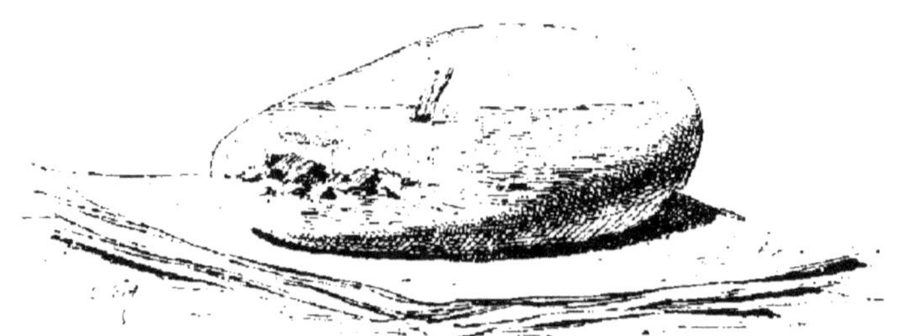

Galet presse-papier.

composé de morceaux de pierres de diverses couleurs, des granits colorés, etc. ; ce gravier mouillé ressemble tout à fait à de la julienne (plage de Cherbourg) ; dans d'autres cas, au contraire, le sable est fin et paraît un peu gris, mais qu'il arrive le moindre rayon de soleil, aussitôt des milliers de diamants brillent à vos pieds, c'est du mica ; on en trouve à Paramé, à Saint-Malo, à Dinard, etc., puis vient le beau sable fin et très blanc, il n'est pas non plus à dédaigner ; on emploiera encore pour les sables la même boîte à compartiments que pour les coquillages, à moins que l'on ne préfère de petits tubes de verre bien bouchés.

CHAPITRE VIII

LES PLANTES MARINES. — FAÇON DE LES PRÉPARER POUR EN FORMER DES ALBUMS.

C'est à marée basse qu'il faudra aller chercher les algues et les herbes fines et de couleurs si variées; elles sont souvent restées en petits tas avec les varechs, des pierres et des débris de bois. Quand la mer a été forte, on a la chance de faire une meilleure

Delesseria sanguinea.

récolte, et surtout de trouver des espèces rares arrachées à de grandes profondeurs ; un bon moyen encore, c'est de s'adresser aux pêcheurs et de leur demander la permission de visiter attentivement leurs filets, ce qu'ils ne refuseront certainement pas. Il est inutile de donner les noms de toutes ces plantes marines, car ils sont absolument scientifiques et fort difficiles à retenir, pourtant les plus jolies espèces sont sans con tredit : le *delesseria alata* et *sanguinea*, le *polysiphonia brodie*, le *lomentaria*, le *phocamium coccineum* (assez commun), le *gratulopia felecinia* et le *glorisiphonia capillaris*.

Pour préparer ces plantes sur des feuilles de pa-

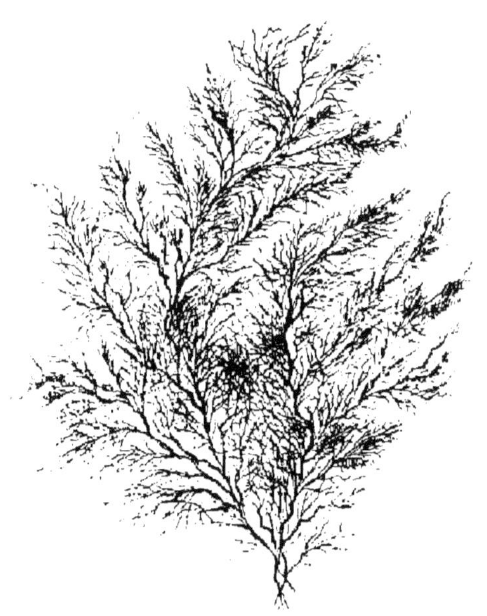

Polysiphonia brodie

pier, il ne faut qu'un peu de patience et d'adresse : nous voulons donner un moyen expéditif et très simple pour accomplir cette préparation, de plus le procédé que nous indiquerons ne nécessitera aucun frais.

Quand la provision de plantes est faite, il est urgent en rentrant à la maison de déposer le tout le plus vite possible dans un vase rempli d'eau douce pour empêcher les plantes de se dessécher; l'eau douce les débarrassera des parties salines dont elles sont imprégnées. Pour que ce lavage soit complet et efficace, il est utile d'agiter pendant un certain temps le liquide, mais avec de grandes précautions, afin de ne rien casser. Vous disposez sur la table un

Glorisiphonia capillaris.

large plat ou plutôt un grand plateau en fer ou en laque, peu importe, pourvu qu'il soit très propre; sur ce plateau vous placez une feuille de papier de la grandeur voulue, ce papier doit être épais et bien collé; vous versez sur votre papier une couche d'eau douce, puis prenant une plante à la fois, au moyen d'une pince brucelle, vous la déposez à la surface de la feuille de papier, en ayant le soin de la poser bien au milieu; ensuite avec une pointe

quelconque, aiguille à tricoter, crochet en fer, etc,.
vous étendez les rameaux de la plante dans toutes
les directions, en leur donnant une forme gracieuse,
et en ayant le soin d'en étaler les moindres brindilles ;
quand cette première opération a réussi, vous as-
pirez l'eau au moyen d'un tube de verre ou d'une
petite seringue jusqu'à ce que la plante soit complètement à sec, et vous replacez de nouveau, à
l'aide de votre pointe, les parties qui auraient pu
se déranger ; enfin, avec de grandes précautions
vous enlevez la feuille de papier et vous la déposez
sur un carton et plusieurs feuilles de papier non
collé ou de papier buvard ; il faut avoir le soin de
recouvrir la plante d'une feuille de toile gommée ou
de papier suiffé (pour obtenir ce papier suiffé, il
suffit de prendre une feuille de papier collé et de
l'enduire de suif ; vous la placez entre deux feuilles
de papier non collé et vous passez un fer chaud sur
le tout) ; mais, revenons à notre plante : quand elle
est couverte de ce papier suiffé, on pose encore
dessus quelques feuilles non collées, ensuite un carton, et enfin un poids assez lourd afin de former
presse jusqu'à ce que la plante soit entièrement
sèche. Il est bon d'y jeter un coup d'œil de temps en
temps afin de s'assurer si rien n'est dérangé. L'on
procédera ainsi pour toutes les plantes de la collection ; il sera facile ensuite de faire relier ces feuilles
qui formeront un superbe album.

Nous avons parlé de plantes marines, disons encore quelques mots du varech ; on peut le récolter
pour en faire des matelas, qui, s'ils n'ont pas la

douceur de la laine, sont fort sains et très agréables l'été. Il suffit de ramasser cette plante à marée basse et de la faire sécher au soleil.

Il existe dans les rochers du bord de la mer une herbe qu'il ne nous est pas permis de passer sous silence ; c'est la perce-pierre : cette ombellifère a une forte odeur de carotte, on la récolte avant qu'elle soit en fleurs et on la confit dans le vinaigre à la manière des cornichons. La perce-pierre ne pousse pas dans les rochers submergés par la mer, mais dans ceux qui sont toujours à sec, sur les falaises de terre ou de granit.

Dans les dunes de sable c'est le chardon marin qui s'y trouve ; comme on le pense il n'est pas question de le manger, mais il se fait sécher et forme de très jolis bouquets en hiver ; ses fleurs qui ont l'aspect de boules violettes sont d'un joli effet. On en trouve des quantités considérables sur les plages hollandaises, belges et sur celles du nord de la France.

CHAPITRE IX

L'AQUARIUM. — SA CONSTRUCTION.
SES HABITANTS.

L'aquarium sera une des choses les plus amusantes à organiser au bord de la mer ; sa construc-

tion ne demande pas de grands efforts d'imagination,
pas plus qu'une grande habileté. On se procurera
facilement chez un jardinier ou chez un horticulteur
une cloche à melons; on la retournera à l'envers,
et on la placera sur un socle en bois fait exprès, ou
même entre les pieds d'un tabouret de paille

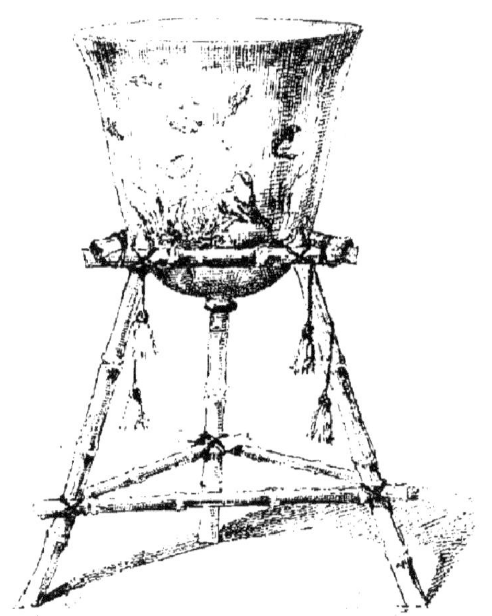

Aquarium improvisé.

retourné aussi. Si la cloche à melons manquait dans
la localité, il faudrait se contenter d'un bocal à fruits,
mais le plus grand possible ; au fond de ce vase on pla-
cerait une couche de sable et quelques pierres, puis
encore des herbes marines légères et jolies ; parfois
sur les marchés on voit des coquilles Saint-Jacques
sur lesquelles des mousses sont attachées, on
tâchera de s'en procurer une de ce genre et de la

disposer au fond de l'aquarium, elle y fera bon effet.

Quels seront les habitants à choisir? Eh bien, un spécimen de coquilles, de crustacés, et de petits poissons; mais nous ne vous conseillons pas d'y introduire des crabes, ils pourraient maltraiter leurs voisins. N'oubliez pas les oursins, les bernard-l'ermite et les anémones de mer, ces dernières en seront le plus bel ornement.

Quand vous verrez des pêcheurs, demandez-leur de vous garder les chevaux marins (hippocampes) qu'ils peuvent trouver dans leurs filets; ces animaux sont assez rares et très curieux; on les rencontre en assez grand nombre dans la baie de Cancale,

Anémone.

mais en pleine mer. Si vous pouvez vous procurer un petit homard tout jeune ou une petite langouste, ils tiendront la première place dans votre aquarium. Il sera utile de changer l'eau assez souvent : cette opération s'effectuera à l'aide d'un siphon afin de remuer les habitants le moins possible. Les jours de mauvais temps, les enfants passeront de bonnes heures à les observer et à les admirer.

LE SEL, LES MARAIS SALANTS.

Quelques-uns de nos lecteurs pourront se diriger vers les plages de l'Océan et seront à même de contempler les marais salants du Morbihan, de la Loire-

Inférieure et de la Vendée, nous voulons dire quelques mots à ce sujet. Le sel dont nous nous servons en cuisine provient de deux sources différentes : le sel gemme ou celui trouvé dans des mines dont les plus importantes sont en Pologne; et enfin, le sel marin; ce sel est retiré de l'eau de mer au moyen de l'évaporation. On cultive les marais salants d'une façon toute particulière; ce sont des compartiments peu profonds disposés dans les terrains fort rapprochés de la mer; l'eau monte à chaque marée dans des canaux bordés de chemins; cette eau passe dans des conduits souterrains jusqu'à la vasière où elle commence à s'évaporer, de là elle coule dans différents autres endroits, et enfin dans les œillets; c'est là que le sel est définitivement formé; dans certaines salines, l'eau est moins prome ee que dans d'autres; aussi les paludiers aident-ils à l'évaporation en remuant souvent l'eau avec des pelles de bois.

Quand le sel est déposé en assez grande quantité, ce sont les femmes qui viennent le récolter dans des vases spéciaux appelés gèdes; le premier sel qui se trouve à la surface a l'aspect de crème et exhale une odeur de violette; le sel gris est déposé au fond. Pour les artistes les costumes des paludiers et des paludières offrent une grande originalité et leurs vêtements de noce et de cérémonie sont d'une richesse réelle; c'est dans l'île de Batz, du reste, que l'on rencontre le plus de paludiers. Cette île est fort curieuse au point de vue de la couleur locale.

CHAPITRE X

JEUX DANS LE SABLE

Ce n'est pas à nos lecteurs que ce chapitre s'adresse, mais ils y trouveront des idées pour faire jouer les petits et les grands sur le sable les jours où la pêche et le bain leur laisseront un peu de loisir!... Commençons par les bébés; que pourront-ils faire dans le sable? La réponse n'est pas difficile; ils s'y amuseront sûrement beaucoup. Les plus petits resteront à jouer pendant des heures avec une pelle en bois, un petit seau et une passoire ou un crible, ils n'auront pas besoin d'autre chose, en ajoutant à cela les coquillages qu'ils pourront trouver; ceux à qui l'on voudra permettre de toucher au sable humide auront bien d'autres ressources. S'ils sont plusieurs, ils pourront construire un fort très élevé, creuser des canaux et des rivières sur lesquels ils feront naviguer de petits bateaux, on réservera des îles au milieu des lacs et ce sera un bonheur suprême de tomber à l'eau en passant la rivière. Dans cette rivière et dans ces lacs on apportera différents petits poissons, qui n'y séjourneront peut-être pas longtemps, par exemple.

D'autres enfants organiseront des courses de petits crabes. Chacun en choisira un et lui attachera un petit fil de couleur à la patte, puis à un signal convenu on les lâchera tous; ces coursiers d'un nouveau

genre réserveront des surprises à leurs proprié-
taires; les uns prendront une direction tout opposée
au but indiqué, d'autres se déroberont entièrement
en s'enfonçant dans le sable; ce jeu est très amusant à la condition que les pauvres bêtes ne se
transformeront pas en martyrs, comme cela arrive

Cerf-volant.

trop souvent, car l'enfance est barbare et cruelle
parfois!

Le jeu des pâtés de sable ne sera pas oublié; on
pourra se procurer de petits moules de différentes
sortes, en ayant le soin d'emporter une planche pour
y déposer les pâtés aussitôt qu'ils seront confec-
tionnés, quelques petits galets de couleur brune
joueront les amandes à s'y méprendre, voilà pour
les petits.

Quant aux garçonnets et même aux jeunes gens,
ils confectionneront d'immenses cerfs-volants et les
lanceront aussitôt qu'une petite brise se fera sentir;
quand ils sont bien réussis, c'est-à-dire quand la
queue n'est ni trop lourde ni trop légère, ils s'en-
lèvent à une grande hauteur, au bord de la mer;
c'est une distraction qui amuse non seulement le
propriétaire du jeu, mais encore un grand nombre
de personnes qui suivent avec intérêt les péripéties
du voyageur aérien. Si l'on est une nombreuse
société, le lawn-tennis et le croquet sont tout
indiqués pour être joués sur les plages de sable;
sur celles de galets, il y a souvent devant la mer, en
haut des cailloux, des tapis de gazon réservés spécialement aux joueurs. Le lawn-tennis nous vient
d'Angleterre; il a détrôné le croquet et est plus
amusant, en ce sens qu'il demande moins d'attention et de combinaisons; mais en revanche, il exige
plus d'agilité et plus de mouvement; les personnes
calmes et tranquilles ne lui donneront donc pas la
préférence.

Pour jouer au lawn-tennis, on se partage en deux
camps, car il faut être un nombre pair: il est aussi
utile de n'être pas trop nombreux, à quatre ou à
deux on fait des parties très agréables.

Le matériel du lawn-tennis est composé de deux
grands piquets réunis par un filet, celui-ci est maintenu verticalement par eux quand on les a fixés en
terre. Il faut encore un certain nombre de raquettes
et de balles, enfin des maillets pour placer le jeu.
L'endroit choisi sera le plus uni possible. Le filet

doit partager le terrain en deux parties égales,
celui-ci aura au moins 15 mètres de long sur 8 de
large ; d'un côté du filet on forme au milieu de l'endroit réservé un tout petit carré, l'autre côté est
divisé en trois parties : une bande ayant toute la
largeur du jeu, et deux carrés composés de la moitié
d'une bande pareille à la première. Du reste, dans
tous les jeux que l'on achète, il se trouve toujours
une règle fort bien expliquée ; nous voulons seulement donner quelques termes employés pour le lawn-
tennis : « Mettre dessus », signifie envoyer la balle par-
dessus le filet ; « mettre dessous », l'envoyer dans le
filet ; lorsque l'on crie : « A vous ! A moi ! » c'est une
invite faite par le partenaire pour qu'il aille à la
rencontre de la balle ; « volée » signifie façon de ren-
voyer une balle sans qu'elle touche terre ; « peloter »,
veut dire jouer sans régler la partie à l'avance.

Ainsi que nous l'avons dit plus haut, les joueurs
se partagent en deux camps ; ce partage est réglé
par le hasard ; c'est le sort qui désigne l'endroit
occupé par l'un ou par l'autre ; quand le nombre
des joueurs dépasse quatre, chacun n'a qu'une
balle. C'est généralement en quinze points que se
joue la partie.

Le croquet. — Ce jeu fort ancien a joui et jouit
encore d'une vogue considérable au bord de la mer ;
il est agréable en ce sens qu'on peut tout en jouant
tenir une conversation.

Il remonte au xvi⁰ siècle, et s'appelait alors « jeu
de paille-maille ». Rien n'est donc nouveau dans
le croquet sinon son appellation.

Le jeu de croquet a un matériel se composant de :

Dix arches, huit boules, huit maillets, deux piquets, un furet, une règle, huit étiquettes.

Chaque maillet a une boule et une étiquette lui correspondant comme couleur. Les étiquettes se mettent à la boutonnière des messieurs et à la cein-

Une partie de croquet.

ture des dames pour ne pas oublier la couleur de la boule avec laquelle on joue.

Les piquets ont des bandes peintes des nuances des boules et des maillets et le rang des joueurs est fixé d'après la place de ces nuances sur le piquet. On peut jouer de différentes façons, soit par camp, soit personnellement, si l'on est un nombre impair ; dans ce cas, un des joueurs prend deux boules, mais la partie est plus intéressante quand elle s'effectue par camps. Le terrain choisi doit être aussi plat que possible ; pour planter les arches et les piquets il faut consulter la règle du jeu ; néanmoins il est utile d'avoir une superficie de 20 mètres sur 10 environ. On appelle « roquer », toucher une autre boule avec la sienne, et « croquer », envoyer le plus loin possible la boule de son adversaire. Quand un joueur a passé toutes les arches, sa boule devient « morte » et il peut s'en servir pour aider ceux de son camp à passer à leur tour. Le jeu de croquet demande quelques précautions afin de ne pas atteindre ses voisins avec son maillet ; on doit tâcher d'acquérir dans cet exercice le plus d'adresse possible, sans oublier un peu de grâce. car généralement il se forme une galerie autour des joueurs et elle apprécie les coups plus ou moins brillants.

On peut encore jouer sur le sable aux boules, aux quilles, à la baraquette, aux bowls ; ce dernier jeu, comme l'indique son nom, est anglais ; les boules sont dissymétriques à cause d'un morceau de plomb qu'elles renferment. Une fois lancées elles ne peuvent se mouvoir en droite ligne et font des mouvements imprévus avant d'atteindre leur but ; ce jeu est très drôle et fort amusant.

CHAPITRE XI

LA CHASSE AU BORD DE LA MER

La chasse au bord de la mer est une grande source de distractions pour les messieurs, elle est toujours fort productive et le gibier très varié, soit

Chasseur au bord de la mer.

que l'on chasse en bateau, ou simplement sur les grèves. On ne peut se figurer combien ces plaines de sable, qui semblent parfois d'immenses solitudes, sont peuplées! Nous ne voulons pas faire un éloge pompeux du gibier de mer, qui, certes, ne vaut pas un bon perdreau ou un jeune faisan, mais la variété de ses espèces est curieuse à observer.

Il est rare, dans une longue promenade sur les

Douanier.

rives de l'Océan, de n'avoir pas l'occasion de tirer plusieurs coups de fusil.

La première chose intéressante à signaler, c'est que sur les bords de la Manche et de l'Océan la chasse est autorisée en tout temps.

Sur les bords de la Méditerranée, les chasseurs ne jouissent pas toujours de la même liberté.

C'est surtout à l'embouchure des rivières que le gibier est le plus abondant, les oiseaux de mer sont d'habiles pêcheurs, ils connaissent les bons endroits et ils y vont chercher leur nourriture.

Si les poissons et les coquillages sont les mêmes à toutes les époques, il n'en est pas de même pour le gibier, aussi nous voulons indiquer à nos lecteurs les différentes espèces que l'on est susceptible de rencontrer au bord de la mer, pendant les mois particulièrement consacrés au temps de villégiature.

Nous dirons quelques mots sur ces oiseaux. Les pêcheurs des côtes et les douaniers connaissent fort bien les endroits les plus giboyeux.

LA CHASSE DE MER EN JUIN ET JUILLET.

Vers le cap Gris-Nez, il y a souvent à cette époque des passages de macreuses et de canards. Les macreuses sont de jolis oiseaux au plumage noir que l'on trouve non seulement au nord, mais encore sur les côtes de Normandie, de Bretagne, et sur celles de l'Océan et la Méditerranée. Ils sont souvent en nombre considérable et vivent la plupart du temps en mer.

La macreuse a une forme plus épaisse que le canard; les mâles sont noirs et les femelles grises, aussi les appelle-t-on souvent grisettes, dans certains pays. On les voit apparaître au mois d'octobre, par bandes de deux ou trois cents individus. Ces oiseaux sont d'excellents plongeurs et suivent l'exemple des moutons de Panurge : quand l'un disparaît sous les flots, tous disparaissent ensuite; c'est en bateau seulement qu'il est possible de les chasser. C'est un mets peu recherché, il faut avoir le soin non pas

de les plumer, mais de les écorcher pour les manger ;
d'autres les piquent par tout le corps avec une aiguille
à tricoter et les plongent à plusieurs reprises dans
l'eau bouillante, ce procédé a pour but de faire sortir
la matière huileuse contenue sous leur peau. C'est
le plomb n° 4 qui sert à les tuer.

Les canards que vous trouverez partout au bord
de la mer sont nombreux dans ces parages. Il y en
a un grand nombre de variétés, et la façon dont ils

Canards sauvages.

vont et se déplacent fait de cette chasse une des
plus attrayantes. Ces oiseaux sont assez communs,
bons à manger et superbes au point de vue du plumage. Tous, que leur couleur ou leur forme diffèrent,
sont de la même famille ; c'est à l'automne qu'ils
arrivent sur nos rivages. En France, on en voit dix
ou douze espèces environ ; quelques-unes ne quittent
presque point la mer ; en toute saison on est certain
d'en rencontrer.

Dans la baie de la Somme et à l'embouchure d'un
grand nombre de petites rivières, il existe une façon

particulière de chasser les canards. On établit sur le sable, de distance en distance, de petites huttes juste assez grandes pour permettre à une seule personne de s'y accroupir ; on s'y blottit et l'on attend ; aussitôt la marée basse, les oiseaux viennent par compagnie pour manger les petits crabes ou les petits poissons restés dans le sable, c'est le moment de tirer sur eux ; on tue ainsi facilement plusieurs sujets ; de temps en temps une nouvelle bande paraît et la chasse recommence ! C'est fort amusant, mais il faut prendre garde de rapporter en même temps que le gibier une bonne fluxion de poitrine. Cette chasse est dite chasse au hutteau ; elle est fort connue en Picardie et dans tous les pays de marécages.

Citons quelques espèces de canards les plus connues : le pilet ou faisan de mer qui est un mets essentiellement maigre et très délicat en plus, ce qui ne gâte rien. C'est quand les canards sont posés sur l'eau qu'il faut les chasser, avec du n° 4. On les trouve en abondance près de l'embouchure de la Somme.

Le col-vert est le plus beau des canards sauvages, on l'appelle aussi le flandrin. Le canard siffleur ou oigne a un cri des plus aigus, il se dirige en arrivant du nord vers le golfe du Morbihan, et est assez difficile à tirer.

Viennent ensuite : le morillon qui est de très petite taille, le canard aux yeux d'or, le canard de mer ou tadorne, le plus grand mais aussi un des plus rares, on se sert pour le chasser du plomb n° 3.

Les chevaliers. — On trouve ces oiseaux non seulement à l'embouchure des rivières, mais surtout au bord de la mer, où on les rencontre en grand nombre. Il y a plusieurs variétés de chevaliers, les plus gros atteignent la taille d'une bécasse ; on connaît en France le chevalier brun et le chevalier à pieds rouges, qui est le plus recherché pour son plumage, et cela avec juste raison, puisqu'il est superbe. Pour chasser ces oiseaux, il est très utile de se munir d'instruments qui imitent leur cri, ils sont très sauvages et il est difficile de les approcher

Chevalier.

sans user de stratagèmes ; il y a encore la guignette dont la chair est fort délicate, puis le petit chevalier ou cul-blanc, qui vit dans les dunes, de mai en septembre ; il part toujours en poussant un cri. Le meilleur moment pour le chasser est le matin et le soir ; c'est du plomb des n⁰ˢ 8 et 9 qu'il faut prendre.

Les maubèches. — Vers la fin de mai et le commencement de juin, on voit une quantité de ces gentils oiseaux qui courent à marée basse à travers les pierres ; ils ont un plumage rougeâtre.

Quand le temps est calme, on peut les approcher et les tuer assez facilement avec du plomb n⁰ 7. Les maubèches sont communes en Normandie, à Granville sur le roc, et dans la baie de Cancale.

L'huîtrier. — L'huîtrier affecte une grande ressemblance avec un des oiseaux les plus connus, la pie ; aussi est-il appelé vulgairement pie de mer. Il se nourrit de toute espèce de coquillages, mais malgré son nom d'huitrier les huitres sont ceux qu'il mange le moins souvent; son bec a une con-formation particulière qui lui permet d'ouvrir facilement les valves des mollusques dont il est friand. Les pies de mer ont un cri aussi désagréable que celles de terre. On les ren-contre partout au bord de la mer, et un peu

Huîtrier.

à toutes les saisons ; leur chair n'est pas très bonne, mais c'est un gibier ne manquant jamais.

L'échasse. — Cet oiseau est essentiellement français, puisqu'il niche dans notre pays, il est très beau et fort élégant avec son dos noir et son ventre blanc ; sa taille est celle d'un perdreau, mais, ainsi que son nom l'indique, il est haut sur pattes.

L'échasse se rencontre sur toutes les côtes, néanmoins il est rare partout. C'est le nº 4 qu'il faut prendre pour le chasser.

Spatule.

La spatule. — Cet oiseau tire son nom de la forme de son bec qui est large et aplati. On le voit assez rare-ment sur les côtes de la Manche ou de l'Océan ;

son plumage est noir et blanc; c'est une chance pour un chasseur d'avoir l'occasion d'en tuer un.

L'avocette. — L'avocette est très commun sur les côtes de la Manche et de l'Océan; ce bel échassier cherche sa nourriture dans le sable fin et mou; on le trouve toujours seul et il se tue avec du n° 6.

Les cormorans. — Les cormorans comprennent plusieurs espèces : le grand cormoran, le nigaud et le petit cormoran. On rencontre ces oiseaux au bord des lacs et des rivières, mais bien plus souvent au bord de la mer; ce sont des pêcheurs fort habiles et ils ont une façon de pêcher qui ne manque pas d'originalité : très souvent, après avoir saisi leur proie dans leurs pattes, ils la lancent en l'air et la rattrapent avec leur bec. Les hommes dressent les cormorans à

Cormoran.

la pêche, cette coutume a été importée de la Chine en Europe. C'est sur les côtes de la Manche et de l'Océan que ces oiseaux nichent et vivent le plus fréquemment.

Le cormoran nigaud se rencontre sur les côtes de Picardie; il est de la grosseur d'un pigeon; le petit cormoran est assez rare.

La chasse de ces oiseaux est une grande distraction, mais pas au point de vue gastronomique, car leur chair est détestable. C'est à balle qu'il faut les tirer.

Ils se trouvent généralement à une distance très éloignée du chasseur.

La barge. — La barge est encore appelée bécasse de mer, elle ressemble effectivement à la bécasse par son plumage et sa taille. Pour tout chasseur c'est un des plus beaux coups de fusil qu'il puisse tirer au bord de la mer. La barge se divise en deux espèces: celle à queue blanche et celle à queue noire qui est plus grosse que l'autre ; son bec est encore plus long que celui de la bécasse, elle n'offre pas de difficultés à être tirée, car elle vole doucement ; on la trouve en Picardie, en Normandie et un peu sur toutes les côtes. Le n° 6 est ce qu'il faut employer.

LA CHASSE EN AOUT ET SEPTEMBRE.

Les mouettes et les goélands. — Les mouettes et les goélands sont les oiseaux les plus répandus sur toutes les plages ; on en compte un grand nombre d'espèces. Ils sont aussi nombreux sur la mer que les moineaux dans les jardins.

Les mouettes sont fort jolies et ont un vol des plus gracieux ; sous leur air de douceur, elles cachent, paraît-il, une grande férocité.

Mouette.

La grande mouette, ou mouette rieuse, est de la grosseur d'un canard ; on voit aussi fréquemment la mouette blanche, la mouette brune et la mouette grise ; ces deux dernières sont de plus petite taille que les autres.

On apprivoise très bien ces oiseaux et on les garde dans les jardins où ils rendent de véritables services à l'agriculture en détruisant un grand nombre de limaces ; il faut avoir le soin de leur couper les ailes, car au moment des passages elles s'envoleraient infailliblement.

Les goélands sont plus voraces que les mouettes ; on en compte plusieurs espèces : le rieur qui est de la taille d'un petit corbeau et le grisard qui est gris ainsi que l'indique son nom.

À l'approche de la tempête les mouettes et les goélands s'enfuient vers les terres à une distance parfois très grande.

La chair de ces oiseaux n'est pas bonne, mais les chasseurs éprouvent beaucoup de plaisir à les tuer ; ils se laissent approcher facilement ; les petites mouettes se tirent avec le nᵒ 4 et les goélands avec le nᵒ 5.

Les hirondelles de mer. — Les hirondelles de mer sont de la famille des sternes ; ce sont les oiseaux les plus élégants que l'on puisse rêver. Leurs ailes sont longues et effilées, et elles-mêmes semblent être d'une légèreté incomparable. C'est par les mauvais temps qu'elles arrivent au rivage, où l'on peut les tuer aisément ; si l'une d'entre elles est tombée blessée par un plomb, il ne faut pas la ramasser, par ce moyen on est certain d'en tuer un très grand nombre. Il y a plusieurs espèces parmi ces oiseaux :

la grande hirondelle, l'hirondelle noire et la petite
hirondelle. La grande hirondelle atteint quelquefois
la taille d'une tourterelle; elle arrive dans notre

Hirondelle de mer.

pays dès le mois de mai, et est, ainsi que les autres
espèces, très peu farouche. Se servir du plomb nᵒ 6.

Les oiseaux chassés en juin et en juillet se trouvent
encore sur nos côtes au mois d'août et de septembre.

Le courlis. — C'est le cri particulier et monotone
de cet oiseau qui le fait découvrir dans les endroits
où il se trouve; en l'imitant, le chasseur a souvent
la chance de l'attirer de son côté. Le courlis est de la
taille d'une poule, dans la grande espèce; son bec
est fin, long, et légèrement recourbé. C'est en Normandie et en Bretagne qu'on le rencontre principalement. Ces oiseaux viennent le jour sur les plages
sablonneuses où ils mangent des herbes marines et
des coquillages, et quand la mer monte, ils s'appro-
chent des flots volontiers.

Comme beaucoup d'oiseaux des grèves, les courlis
accourent dès qu'ils voient un de leurs semblables
blessé; c'est donc un moyen bon à employer; pour
cette chasse, il faut autant que possible se cacher;
c'est le nᵒ 3 dont on fera usage.

On peut apprivoiser les courlis et les employer dans les jardins, comme les mouettes, en prenant les mêmes précautions. Leur chair est excellente à manger.

L'alouette de mer. — C'est un gibier des plus communs à cette époque, et sur toutes les côtes, au nord, à l'ouest et au sud. Les alouettes volent par bandes en poussant des cris.

Elles se posent parfois sur les rochers ou sur la plage, et il est facile d'en tuer un grand nombre au moment où elles se lèvent, car elles ne s'effraient pas facilement et se posent peu de temps après le coup de fusil. C'est quand la mer est haute qu'il fait bon de chasser l'alouette.

Alouette de mer.

On tue encore à cette époque sur les plages de Picardie et de Normandie les bécassons, les corneilles et les macreuses dont nous avons parlé plus haut.

LA CHASSE EN OCTOBRE ET NOVEMBRE.

Cette époque correspond au commencement de la migration des oiseaux vers le sud.

Les pluviers. — Les pluviers comprennent près de trente-cinq espèces d'individus, mais sur nos plages il n'y en a guère que quatre ou cinq qui y vivent : le pluvier doré, le pluvier gris, le pluvier à collier, le guignard, etc. ; ce gibier est toujours abondant et tente les chasseurs d'autant plus que c'est un mets délicieux ; il est facile à approcher.

C'est le pluvier doré qui est le plus connu et le plus recherché ; il voyage en bandes nombreuses ; on le rencontre souvent tout près de la mer quand elle monte. Il aime beaucoup les temps pluvieux, ainsi que l'indique son nom ; le pluvier est

Pluvier doré.

encore du nombre des oiseaux qui viennent voltiger près d'un camarade blessé ; il est donc facile de le prendre à ce moment. Ces oiseaux partent dès que les premières gelées arrivent. C'est le n° 6 ou 7 qu'il faut employer pour les prendre.

Les vanneaux. — Ils ont les mêmes habitudes que les pluviers, auxquels on les compare ; ils aiment les parties de terre que le flot submerge quelquefois, et sur lesquelles

Vanneau.

poussent des plantes marines. Ils visitent tour à tour tout le littoral de la France, du nord au sud.

Ces oiseaux sont de la grosseur d'un pigeon, leur plumage vert doré est joli. Dans le Nord et en Bretagne on prend les œufs de vanneau pour les envoyer à Paris où ils sont vendus un prix relativement assez élevé.

Cette coutume est à déplorer; elle prive les chasseurs d'une bonne quantité de gibier.

Les vanneaux sont délicieux rôtis. Pour les tirer, il est bon de se dissimuler, car ils ne se laissent pas approcher facilement; on peut pour les prendre user d'un stratagème assez grossier: on étend sur la plage un morceau de papier blanc assujetti par un poids, les pluviers viennent voir ce qu'il y a, il est alors facile de les tirer avec du plomb n° 5.

On trouve pendant ces deux mois les macreuses, les pies de mer, les souchets, les sarcelles, les pilets, les canards dont nous avons déjà parlé.

Les plongeons. — On tue en novembre ces oiseaux sur nos plages, ils s'y trouvent en assez grand nombre ; on les rencontre sur tout le bord de la mer ; ils sont très gros et paraissent couverts de duvet, on les tire au plomb n° 4.

DES DIFFÉRENTES MANIÈRES DE CHASSER.

Au bord de la mer on peut chasser de deux façons : soit en bateau, ou à pied sur les grèves.

Pour chasser en bateau il faut avoir la possibilité de s'en procurer un, c'est du reste assez facile dans les petits ports de mer, mais il faut toujours s'adresser à quelqu'un de prudent et d'adroit. On doit

suivre les conseils que les hommes accoutumés
à la mer pourront donner, car ils ne manquent pas
d'expérience: de plus, ces gens connaissent les oiseaux
et leurs habitudes, ils sont donc capables de rendre
la chasse des plus agréables et de vous faire prendre
du gibier d'une façon sûre.

Pour la chasse il importe que le bateau soit
large et bien solide ; la place du chasseur est à
l'avant, avec son arsenal à portée de sa main.

Sur les grèves, le grand attrait de la chasse est
l'imprévu: on part croyant aller à la chasse aux canards ou aux mouettes, et ce sont des courlis ou des
vanneaux qui se présentent. C'est toujours de grand
matin ou vers l'heure du coucher du soleil que la
chance sera le plus favorable.

Quand la marée monte, on voit arriver les oiseaux à grand vol : mouettes, goélands, grèbes, macreuses, etc. ; à la marée basse, ceux qui fouissent
avec le bec, puis les pluviers, les barges, etc. ; il
est donc bon aussi de suivre le flux et le reflux.
Lorsqu'un oiseau est tombé il faut attendre un peu
avant d'aller le ramasser, car souvent les cama-
rades du mourant arrivent en bande et il est facile
d'en tuer sûrement un certain nombre.

Par le beau temps on peut trouver les petits oiseaux,
les mouettes, les hirondelles : par le mauvais temps,
les grands oiseaux ; pendant les tempêtes aussi : en
temps de brouillards, les plongeurs, etc., et ceci est
général pour toutes les plages.

Pour aller à la chasse en mer ou sur les grèves, il
faut des bottes de marin, elles sont de toute utilité :

une toque qui peut s'attacher sur les oreilles est aussi indispensable; un caoutchouc est tout indiqué pour aller en bateau, et la cartouchière doit être conditionnée de façon à ne pas laisser pénétrer l'humidité.

CHAPITRE XII

QUELQUES CONSEILS UTILES

Nous nous proposons, avant de terminer cet ouvrage, de donner quelques conseils divers susceptibles de rendre service à nos lecteurs. Au sujet des bains, personne n'ignore que les costumes ont beaucoup de difficulté à sécher ; il faut avoir le soin de les rincer plusieurs fois à l'eau douce avant de les étendre.

Les femmes craignent de se mouiller les cheveux, et cela avec juste raison; quand cet accident est arrivé, il ne faut pas avoir peur de se tremper la tête dans une cuvette d'eau douce, sans cela il en serait de même que pour les habits, ils mettraient un temps infini à sécher; quant à l'action de la mer sur la chevelure, elle n'est nullement à craindre.

Le soleil ou l'air de la mer sont susceptibles d'abîmer le teint ; une bonne précaution à prendre, c'est de mettre un voile de gaze assez épaisse pour faire des excursions; on est préservé du soleil et en même temps de la poussière, deux choses bien désagréables.

Pour prévenir les rougeurs et le hâle, il est utile de s'enduire la figure et les mains avec un peu de cold-cream le soir avant de se mettre au lit ; c'est une précaution très efficace et dont nos lectrices se trouveront bien.

Un conseil encore au sujet des costumes de bain et de pêche ; aussitôt revenu chez soi quand la saison est terminée, on doit avoir le soin de les bien secouer et de les coudre dans un linge de toile avec quelques paquets de naphtaline, de cette façon les vers ne s'y mettent pas.

Les promenades en mer. — Dans tous les ports de mer, vous trouverez facilement des bateaux pour faire des promenades en pleine mer ; ce n'est qu'avec la plus grande prudence qu'il faut agir ; nous conseillons à nos lecteurs de ne jamais accepter les offres de service de ces jeunes gens qui vous tourmentent pour vous faire embarquer avec eux : c'est tout ce qu'il y a de plus téméraire, et il ne se passe pas de saison où plusieurs accidents en mer ne soient à déplorer ; ils sont audacieux, inexpérimentés et de plus n'ont souvent à leur disposition que de mauvaises embarcations. Adressez-vous à de vieux marins, il en existe même de patentés pour cela : avec eux vous n'aurez rien à craindre, car ils ne s'embarqueraient pas si le temps menaçait. S'ils ne veulent pas vous conduire, n'insistez pas, ils ont plus d'expérience que vous, croyez-le bien ; lorsqu'un de ces hommes ne sort pas du port avec confiance, c'est généralement mauvais signe ; ces marins sont braves et consciencieux, ils ne reculent jamais lorsqu'il s'agit de sauver quelqu'un, mais ils ne risquent pas leur vie pour satisfaire le caprice des promeneurs, et ils ont raison.

Le mal de mer. — Le mal de mer, bien que ne présentant aucune gravité, est fort ennuyeux, car il fait souffrir énormément ceux qui en sont atteints; il peut être produit par des causes diverses telles que l'odeur, le froid, la vue du vide, etc... L'embarras gastrique et un état nerveux particulier peuvent l'occasionner.

Beaucoup de remèdes ont été préconisés pour le combattre, ils réussissent suivant la nature et le tempérament de l'individu qui l'éprouve; néanmoins il est des précautions bonnes à prendre avant de s'embarquer; si elles ne font rien, elles ne sont toutefois pas nuisibles. Pendant les deux ou trois jours qui précèdent l'embarquement on fera usage de légers purgatifs salins; on évitera souvent ainsi les vomissements qui sont une complication désagréable du mal de mer.

L'antipyrine est indiquée à la dose d'un à deux grammes pris au moment du départ; pour les personnes ne pouvant la supporter, on fait une injection sous-cutanée de $0^{gr},50$, mais on ne doit employer cette méthode qu'après l'avis d'un médecin et en dernier recours. Pour les personnes seulement incommodées, il faut éviter de se mettre à l'avant ou à l'arrière du navire, et regarder le plus loin possible à l'horizon, jamais au-dessous du bord; ces précautions suffisent quelquefois en ayant le soin de bien se couvrir.

Le chloral réussit aussi chez un grand nombre
d'individus, il faut encore demander au docteur la
façon de le prendre et une ordonnance pour s'en
procurer. L'alcool a été fortement préconisé, et
l'on prétend qu'un repas copieux arrosé de vin

A bord.

de Champagne préserve de l'indisposition si désagréable dont il est question. Une ceinture de fla-
nelle serrant un peu l'estomac a souvent un effet
efficace.

Le moral joue un grand rôle dans le mal de mer,
il faut donc autant que possible se distraire pendant

les traversées et éviter de penser aux désagréments qui peuvent survenir d'un moment à l'autre.

CHAPITRE XIII

DES STATIONS BALNÉAIRES

Les stations balnéaires comprennent trois divisions au point de vue du climat, chose assez importante à considérer. La première division s'étend de

Un port de mer.

Dunkerque à la Loire. Son exposition Nord-Ouest fait que l'air y est vif, les vents qui y soufflent y sont quelquefois violents, même pendant la belle saison, il y pleut assez souvent et on y est toujours à l'abri des grandes chaleurs.

Ce que l'on entend par bains de mer du Nord
proprement dits, ce sont les villes comprises entre
Dunkerque et le Havre, savoir : Dunkerque, Calais,
Boulogne et toutes les petites plages des environs :
Ambleteuse, Wimereux, Étaples, puis Berck, Saint-
Valery-sur-Somme, sur une baie des plus poisson-

Embarcadère du Havre.

neuses et des plus giboyeuses. Toutes ces plages sont
plates et couvertes d'un sable superbe ; de l'autre
côté de l'embouchure de la Somme on rencontre
Ault, le Tréport, charmant port de pêche d'où vient
(on le prétend du moins) le poisson le plus recherché ; enfin Dieppe qui a joui et qui jouit encore d'une
vogue bien méritée ; à présent ce sont des galets et
des falaises de terre qui bordent la mer. Entre Dieppe
et le Havre, Saint-Aubin-sur-Mer, Veules et Veulette.

deux charmants endroits, Saint-Pierre-en-Port et Fécamp où l'on peut à son aise contempler des masses de harengs, puis Yport et Étretat ; cette plage a beaucoup d'originalité, ses falaises découpées à jour et les bateaux transformés en cabanes de pêcheurs ne manquent pas de couleur locale ; Étretat est surtout fréquenté par des artistes. Les bains pris dans tous ces endroits sont très excitants, très froids

Pointe de la Hève (Le Havre).

et toniques. Mais dans ces stations les refroidissements sont à craindre.

Enfin voici le Havre, la grande ville du commerce maritime par excellence.

Il est fort agréable de passer une saison à Sainte-Adresse qui est un de ses faubourgs ; de l'autre côté de l'embouchure de la Seine, on retrouve des plages de sable : Honfleur qui est entouré de ravissants sites, Villerville, Trouville, la plage mondaine par excellence, Deauville, Villers, Cabourg, puis les plages du Calvados, Courseulles-sur-Mer, Houlgate, Beuzeval, qui semblent faites pour les enfants et les personnes délicates ; ces petits pays sont abrités des grands vents, et la température n'y est jamais trop rigoureuse.

Viennent ensuite Grandcamp, et en haut de la presqu'île du Cotentin, Saint-Vaast, Barfleur, et Cherbourg, notre grand port militaire : Cherbourg

Amiral.   Capitaine de vaisseau.

est une ville charmante et dans une situation admirable. La température y est aussi douce que dans le midi, sans en avoir les chaleurs accablantes ; les environs de Cherbourg sont délicieux. A Cherbourg et dans les ports militaires, il vous sera donné d'admirer les uniformes de notre armée de mer dont nous donnons quelques spécimens, il est à regretter qu'il faille si longtemps pour arriver dans cette ville. De l'autre côté de la presqu'île, est Diélette, petite plage sauvage et pleine d'attrait, on y pêche et on y chasse à volonté. En descendant, on arrive à Granville, endroit des plus agréables et des plus pittoresques; les falaises sont fertiles en gibier de toute sorte, et la plage offre des distractions sans nombre; de Granville on va au Mont-Saint-Michel et à Jersey avec la plus grande facilité.

Second maître et matelot.

Toute la baie de Cancale est bien jolie avec sa végétation riante qui arrive jusqu'au bord de la mer; Cancale est fort pittoresque, mais il faut craindre le voisinage de la vase; voici Saint-Malo, ses rochers et sa belle plage. C'est un endroit délicieux ainsi que Saint-Servan avec sa vieille tour du Solidor et Paramé; plus loin Saint-Énogat, Dinard, Saint-Briac, charmantes stations où l'on est très bien avec des enfants; sable magnifique et rochers précieux; puis Saint-Brieuc, Roscoff à la douce température, le Conquet, et Brest. Les côtes du Finistère sont les plus pittoresques de France avec leurs falaises de granit, leur rochers bizarres et leurs légendes terribles! La couleur locale de ces pays est connue de tous; une chose à considérer, c'est le bon

Le môle de Paimbœuf.

marché de la vie dans cette province. Douarnenez, Audierne, Concarneau sont situés chacun dans de petites baies pleines de charme et de calme, ce qui n'est pas à dédaigner.

Nous voici à Lorient, puis à Quiberon, enfin au Croisic et à Guérande.

Les marais salants de l'île de Batz sont curieux, toutes ces petites plages attirent beaucoup de baigneurs. N'oublions pas le Pouliguen.

Les bains de mer que nous venons de passer en revue, depuis le Havre jusqu'à la Loire, c'est-à-dire en Normandie et en Bretagne, sont doux, peu excitants et fort agréables. Ils semblent faits pour les enfants.

Ceux de l'Ouest s'étendent de l'embouchure de la Loire jusqu'à Arcachon ; on trouve Pornic, charmante station balnéaire : près de là l'île de Noirmoutier, séjour tranquille et enchanteur; puis les Sables

Pornic.

d'Olonne, la Rochelle, Rochefort, ces deux villes ne sont guère considérées comme offrant un séjour agréable aux baigneurs; nous voici à Marennes et enfin à Royan, joli petit pays à l'embouchure de la Gironde. Arcachon comme ville de bains de mer est la reine de l'Océan ; bien que située au sud-ouest on peut y aller dès le mois de juin sans crainte des trop grandes chaleurs, car la station est installée de façon à ce qu'on puisse se mettre à l'abri sous des bois de sapins. On n'a pas non plus à craindre les vents de mer à cause de cette exposition.

Plus au sud nous avons Biarritz qui jouit d'une situation merveilleuse au point de vue du pittoresque, mais la température y est très élevée, et ce n'est guère qu'en septembre que l'on peut y séjourner.

Les plages de la Méditerranée sont nombreuses, mais, comme à Biarritz, on n'y va guère qu'à l'automne, l'hiver elles servent de refuge aux personnes délicates, ou simplement à celles qui craignent le froid et vont jouir du soleil et de la chaleur; cependant à l'époque des bains les habitants du Sud et du Sud-Ouest se rendent au bord de la Méditerranée.

Nous avons Cette, Sainte-Marie, la Couronne près de l'étang de Berre, Marseille, la ville cosmopolite, Cassis, la Ciotat, la Seyne et Toulon, enfin Hyères et Saint-Tropez, dans une situation délicieuse au fond d'un golfe embaumé, puis Cannes, Nice et la côte superbe qui va jusqu'à l'Italie et dont la réputation est si bien établie qu'il est inutile d'en parler. Dans toute la nomenclature que nous venons de faire, il y a un choix pour tous les goûts et toutes les positions.

LES DIFFÉRENTS GENRES DE BATEAUX. — LES SIGNAUX. LES PHARES.

Nos lecteurs sont appelés à avoir journellement sous les yeux, au bord de la mer, des navires de différentes espèces, qu'ils entendront appeler de noms variés; s'ils habitent un port comme le Havre, ils verront des transatlantiques. des trois-mâts, des goélettes, etc.; s'ils sont à Cherbourg ou à Brest ils

entendront parler des croiseurs de guerre, des canonnières, des cuirassés, etc. : s'ils ont fixé leur résidence dans un petit port de peu d'importance, ils
trouveront des chaloupes de pêche, des yachts de
plaisance, etc., nous nous proposons de donner une
définition de quelques types de navires les plus
connus.

Ce sont les transatlantiques qui auront la première

Transatlantique.

place; on les appelle encore steamers, nom anglais
qui veut dire : bateau à vapeur, et paquebots.

Les transatlantiques sont, soit à aubes, soit à hélice.
On préfère de beaucoup maintenant le système à
hélice qui n'offre pas les inconvénients du système à
aubes dont les cylindres des roues peuvent être
brisés, ce qui fait que les navires sont alors susceptibles de rester immobiles au milieu d'un trajet.

La boussole est l'objet le plus précieux dans un
navire; elle est conservée dans un endroit spécial
appelé habitacle; les habitacles sont en cuivre et ont

1. Ancre. — 2. Blindage. — 3. Canon. — 4. Canon Hotchkiss. — 5. Canot. — 6. Chaloupe. — 7. Cheminée. — 8. Corne. — 9. Écubier. — 10. Éperon. — 11. Filet pare-torpille. — 12. Flèche. — 13. Gaillard d'avant. — 14. Gaillard d'arrière. — 15. Galhauban. — 16. Hauban. — 17. Hublot. — 18. Hune. — 19. Ligne de flottaison. — 20. Manche à vent. — 21. Mât. — 22. Passerelle. — 23. Pistolet. — 24. Plat-bord. — 25. Poupe. — 26. Projecteur électrique. — 27. Proue. — 28. Sabord. — 29. Tourelle. — 30. Vergue. — 31. Voile carguée.

la forme d'un petit dôme élevé sur pied; pendant la nuit ils sont éclairés, afin que l'officier de quart ou le marin chargé du gouvernail ne s'écarte pas de la route à suivre; car de la boussole dépend la sécurité des passagers et le salut du navire.

Dans un navire on considère deux choses principales; la mâture et la voilure.

La mâture comprend le mât de misaine situé à l'avant; sur le mât de misaine repose la hune du même nom, puis vient au-dessus de la hune le petit mât de hune, et tout en haut le mât de petit perroquet; derrière la chaudière (dans les bateaux à vapeur) est placé le grand mât qui comprend la grande vergue, la grande hune et le mât de grand perroquet; enfin, à l'arrière du navire est le mât d'artimon composé de la hune d'artimon, du mât de perroquet de fougue, et du mât de perruche à la partie supérieure; tout à fait à l'avant du navire, et placé dans un sens incliné, se trouve le beaupré.

La voilure se divise en un grand nombre de parties; il y a sur le beaupré le clin foc, le grand foc et le petit foc; sur le mât de misaine, la voile de misaine, le petit hunier, le petit perroquet et les bonnettes; sur le grand mât, la grande voile, le grand hunier et le grand perroquet; enfin sur le mât d'artimon, la voile perroquet de fougue et la perruche.

La brigantine vient s'insérer de l'arrière du navire à la partie moyenne du mât d'artimon.

Les hunes sont des plates-formes disposées à une certaine hauteur sur les mâts; elles sont munies

NAVIRE A VOILES (TROIS-MATS)

1. Beaupré. — 2. Bout dehors de beaupré. — 3. Brigantine. — 4. Cacatois (petit). — 5. Cacatois (grand). — 6. Cacatois de misaine. — 7. Cape ou Grande voile. — 8. Corne d'artimon. — 9. Clinfoc. — 10. Dunette. — 11. Etai. — 12. Foc. — 13. Foc (grand). — 14. Foc (petit). — 15. Gui ou Bôme. — 16. Hunier (grand). — 17. Hunier de misaine. — 18. Martingale. — 19. Mât d'artimon. — 20. Mât (grand). — 21. Mât de misaine. — 22. Mât de hune. — 23. Mât de hune (grand). — 24. Mât de hune (petit). — 25. Mât de perroquet. — 26. Mât de perroquet (grand). — 27. Mât de perruche. — 28. Misaine. — 29. Perroquet de fougue. — 30. Perroquet (grand). — 31. Perroquet de misaine. — 32. Perruche. — 33. Vergue. — 34. Voile d'artimon (grande). — 35. Volant du grand hunier. — 36. Volant du hunier de misaine. — 37. Volant du perroquet de fougue.

d'un trou permettant à un homme de passer, il est appelé trou du chat, les hunes prennent le nom des mâts auxquels elles sont adaptées.

Nous ne pouvons ici donner le détail de tous les noms de cordages, voiles, etc., en un mot de toutes les parties d'un bâtiment à voiles ou à vapeur. Désirant parler aux yeux, nous avons emprunté à l'excellent *Dictionnaire français* de Th. Benard les deux vignettes que nous reproduisons pages 109 et 111 (1); on y trouvera indiqués avec la plus grande clarté les noms de toutes les pièces constituant un voilier ou un cuirassé. Mais revenons aux transatlantiques, qui, ainsi que leur nom l'indique, vont au-delà de l'Océan; ils sont immenses, d'une forme élancée et ont souvent de 100 à 150 mètres de long.

Les machines de ces transports ont une force de 1200 à 1500 chevaux.

Les transatlantiques peuvent contenir douze cents passagers, moins l'équipage; ces passagers voyagent d'une façon différente, s'ils sont en 1re, en 2e ou en 3e classe. La 1re classe est merveilleusement installée et jouit de tout le luxe et de tout le confortable possibles.

La 2e classe est encore fort bien; quant à la 3e cela laisse un peu à désirer, mais il ne faut pas se plaindre, car pour une somme relativement minime, il est permis à des malheureux d'aller bien loin ten-

(1) *Dictionnaire classique universel de* Th. Benard, 1 vol. gr. in-18 de 1003 pages avec 2232 gravures, 12 cartes et 18 figures synoptiques, 2 fr. 60. Belin frères, éditeurs à Paris.

1. Bouée rouge : *passez à tribord.*
2. Bouée rouge et noire : *passez au milieu.*
3. Bouée noire : *passez à babord.*

4. *a*, Feu vert, tribord.
   b, Feu rouge, babord.
   c, Feu blanc à la misaine des bateaux à vapeur seulement.
5. Feux blancs aux remorqueurs.

·r la fortune ; il est à signaler un fait, c'est qu'en
rance la bienfaisance et l'humanité facilitent aux
nigrants les moyens de voyager à fort bon compte.

Le trois-mâts est un navire qui appartient entiè-
;ment au commerce, il est ainsi nommé à cause de

Bateaux de pêche.

ı mâture qui est composée d'un grand mât, d'un
ıât de misaine et d'un mât d'artimon.

La goélette est un petit navire à voiles qui n'a
ue deux mâts, sans compter le beaupré. Ces bateaux
ont légers et très élancés ; ils n'ont pas de hune et
·s mâtures sont penchées en arrière ; la goélette
·ançaise correspond au schooner anglais ; elle sert
·our le cabotage et la pêche.

En Bretagne on emploie pour cet usage le chasse-marée ; c'est un nom qui ne convient qu'aux bateaux de la côte bretonne et à ceux de l'Océan.

Les bricks n'ont aussi que deux mâts, mais ils sont munis de hunes et de voiles nommées bonnettes, ils ont un tonnage assez fort et sont employés souvent dans le commerce.

Le yacht se rapproche énormément de la goélette, mais c'est exclusivement un bateau de plaisance ; il y a maintenant un grand nombre de yachts et de goélettes à vapeur.

Le sloop qui a un nom anglais est un petit bâtiment de guerre à un seul mât.

Le lougre est également un petit navire de guerre mais à deux mâts, le cutter se rapproche beaucoup du sloop ; généralement il est employé comme garde-pêche.

On appelle baleinière une embarcation longue et étroite servant à la pêche à la baleine.

Tous les navires employés au transport des voyageurs sont maintenant des bateaux à vapeur ; ils varient de grandeur suivant le trajet plus ou moins important qu'ils ont à accomplir.

Il nous reste encore à dire quelques mots sur les vaisseaux de guerre, on les divise en plusieurs genres, savoir : les cuirassés, les croiseurs, les canonnières, les avisos.

On est émerveillé et épouvanté tout à la fois en considérant les proportions gigantesques de ces navires.

Les cuirassés ont la carène recouverte d'une armure de métal ; ils défendent les abords d'un pays

en cas de guerre ; les croiseurs et les avisos sont de
bons voiliers d'allure légère qui sont faits à l'encontre
des cuirassés pour aller porter des ordres. Il y a encore (toujours parmi les navires de guerre) les tor-
pilleurs, les cuirassés à éperon ; ce sont des bateaux
entièrement en fer qui se meuvent entre deux eaux
et ne laissent apercevoir sur leur plate forme que
deux énormes canons ; ils ont de plus un éperon
fixé à l'avant à l'aide duquel ils éventrent le
navire qu'ils abordent ; les frégates sont aussi des
bâtiments de guerre munies de 40 à 50 canons ; elles
diffèrent des vaisseaux de guerre en ce qu'elles
sont plus légères et plus élancées. Après la frégate
vient la corvette qui a aussi une très bonne voilure
et est susceptible de rendre de grands services ;
parmi les cuirassés il en est de spécialement pré-
posés à la défense de nos côtes, même en temps
de paix ; on les appelle pour cette raison « garde-
côtes ».

Les navires portent chacun le pavillon de la nation
à laquelle ils appartiennent (1).

Les signaux. — Dans tous les ports de mer un
service météorologique est établi au bout d'une
jetée au moyen d'un sémaphore ; les signaux sont
compris des marins de toutes les nations.

Si on veut avertir de changements survenus dans
l'atmosphère, ce sont des cônes ou des cylindres qui
sont employés ; lorsque la nuit on aperçoit un feu
blanc au mât du sémaphore, c'est que l'entrée du

(1) Voir pour les couleurs des pavillons de chaque nation
nos deux gravures en couleurs placées au début de l'ouvrage.

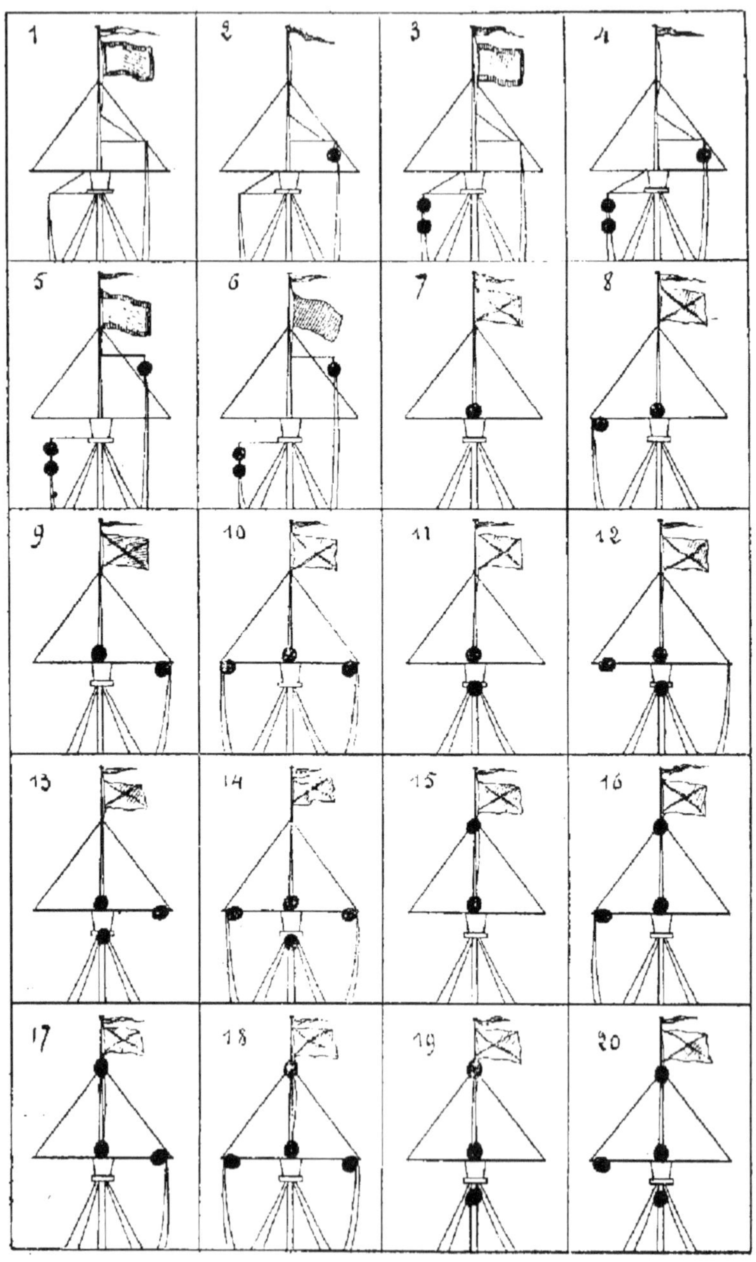

Signaux de sémaphores.

LÉGENDE.

1. Bassins ouverts.
2. Défense d'entrer.
3. Défense de sortir.
4. Défense d'entrer et de mouvements.
5. Suspension de tous les mouvements pour l'entrée d'un
   steamer.
6. Suspension de tous les mouvements pour la sortie d'un
   steamer.

Tirant d'eau.

7. 3 mètres.	14. 4^m,75.
8. 3^m,25.	15. 5 mètres.
9. 3^m,50.	16. 5^m,25.
10. 3^m,75.	17. 5^m,50.
11. 4 mètres.	18. 5^m,75.
12. 4^m,25.	19. 6 mètres.
13. 4^m,50.	20. 6^m,25.

port est assez remplie pour qu'un navire puisse y pénétrer; si le feu est éteint c'est au contraire que le chenal est presque à sec.

Pendant la nuit les signaux maritimes sont faits au moyen de feux, placés dans les phares; ils étaient

Phare de Cordouan.

connus déjà des anciens. A Boulogne, au commencement du siècle, on pouvait encore en voir un qui avait été construit par les Romains. Pour augmenter l'intensité de la lumière des phares, on place en arrière de la flamme un miroir parabolique; un mouvement d'horlogerie fait mouvoir ce miroir afin

d'éclairer l'un après l'autre tous les points de l'Océan.
On peut, en variant la vitesse du mouvement rotatif,
obtenir des périodes de lumière ou de ténèbres plus

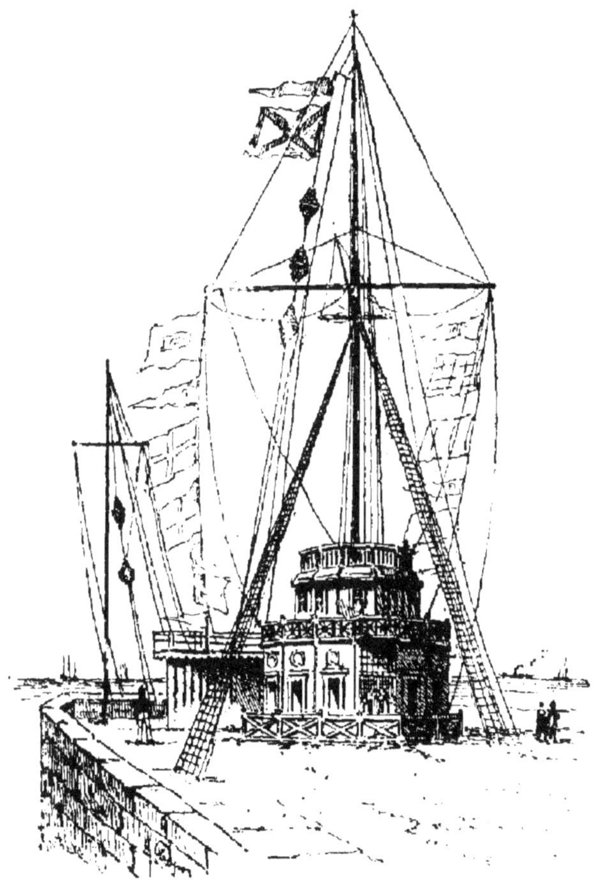

Sémaphore du Havre.

ou moins longues, suivant les phares; ce sont ces
périodes d'une durée variable et connue des marins,
qui servent à leur faire voir l'endroit où ils se trouvent. Il y a maintenant des phares à feux fixes

tels que le phare de Cordouan, à l'embouchure de la Gironde.

Dans les phares on se sert d'une machine électrique (système Clarke), mue par la vapeur, et pour éviter tout accident, les moteurs sont en double.

Pendant les brouillards, la machine à vapeur, qui n'est pas employée, fait sonner une cloche sans interruption. C'est à l'extrémité des caps, sur les côtes remplies d'écueils que les phares de premier ordre sont construits. Il y en a vingt-sept de cette catégorie, dont un à Dunkerque et un à Calais.

On aperçoit de temps en temps des objets qui suivent le mouvement des vagues ; ce sont les bouées.

Ces appareils sont en tôle, en liège ou en bois de différentes couleurs, et portant des dispositions variées.

Les bouées sont destinées à marquer la route aux navires qui peuvent entrer dans le port ; il doit avoir

EXPLICATION DE LA PLANCHE

SÉRIES DE PAVILLONS DU CODE TÉLÉGRAPHIQUE INTERNATIONAL

On hisse souvent plusieurs drapeaux ensemble pour former les signaux suivants d'après les lettres indiquées par ces drapeaux :

D. T. C. — Vous serez en quarantaine.
D. B. K. F. — Quel est le nom du navire en détresse ?
P. V. L. B. — On ne peut avoir un vapeur.
D. V. K. S. — Le vapeur va vous trouver.
B. D. — Quel est ce navire ?
H. L. — N'essayez pas de débarquer avec vos propres canots.
H. M. — Un homme à la mer.

SÉRIE DE PAVILLONS DU CODE TÉLÉGRAPHIQUE INTERNATIONAL

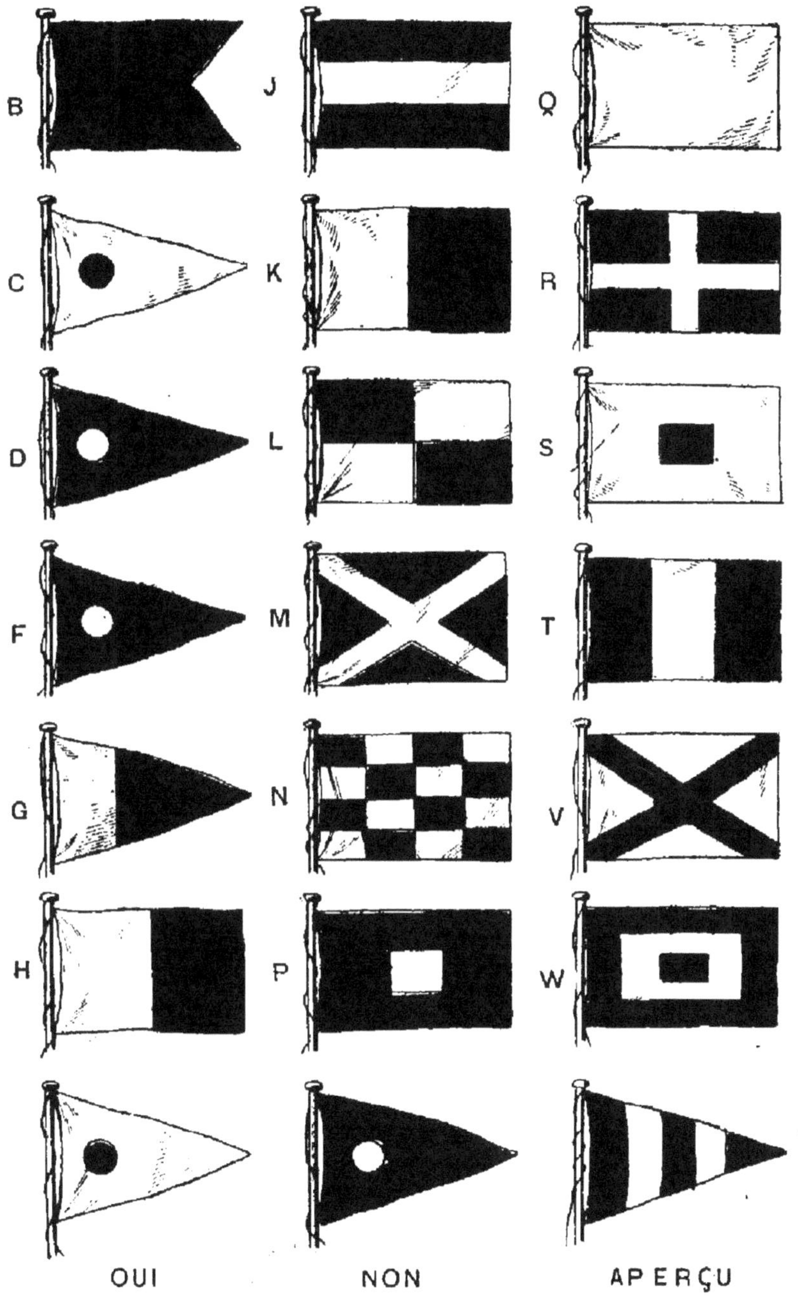

à sa droite ou à tribord les bouées rouges et à sa gauche ou à bâbord les bouées noires. Voyez à ce sujet notre planche en couleurs, page 112.

Dans le jour, lorsqu'un pavillon blanc encadré de bleu est hissé, cela veut dire que le chemin est libre; si au contraire le pavillon est rouge, c'est que l'entrée du port est défendue.

Les navires qui sont en rade peuvent adresser des questions au sémaphore, c'est au moyen de ballons que ce télégraphe agit; quand un bâtiment veut questionner le gardien, il commence par hisser un petit pavillon triangulaire nommé flamme; si cette flamme est blanche et bleue, cela signifie qu'on désire un pilote pour entrer dans le port.

Le pavillon jaune hissé au sémaphore veut dire mauvais temps, baisse du baromètre; le jaune et bleu, beau temps probable, hausse barométrique. Le noir signifie sinistre arrivée. Notre planche page 116 et notre planche page 120 indiquent clairement ce que nous expliquons ici.

TABLE DES GRAVURES

TABLE DES MATIÈRES

1982-92. — CORBEIL. Imprimerie CRÉTÉ.

www.ingramcontent.com/pod-product-compliance
Lightning Source LLC
LaVergne TN
LVHW021832170726
843503LV00003B/920